U0224317

只 为 优 质 阅 读

好
读

别说你懂红酒

[日]小久保尊 著 [日]山田五郎 绘
张艳辉 译

图解ワイン一年生

北京联合出版公司
Beijing United Publishing Co.,Ltd.

序言　“熟悉”红酒之路

首先声明，我并不排斥红酒。爱酒之人会特意订购红酒，也会亲自去超市、商店的红酒卖场购买。只不过盯着酒标半天，也弄不清到底写的是什么意思。而且，法国、德国、意大利、智利……产地五花八门，根本品不出各产地的口味差异。再者，各种红酒的价格有差距，但相应的价值却难以衡量。两千日元的红酒真就比一千日元的美味增倍？有时，即便被店员或侍酒师询问喜欢什么口味，也是一脸茫然。一本正经地敷衍道：“口感淡点的或不要太甜的。”弄得问答双方都摸不着头脑！或者，既然看到酒标上写着“金奖”“畅销”等，索性就要这个。

到最后，不是带走几张店内宣传单，就是从促销区随便选一种。即便长年饮酒的爱酒人士，长久以来与“红酒”保持上述尴尬关系的亦不在少数！也正是为了不熟悉红酒的大多数人，这本书应运而生。我目前在知名酒吧担任侍酒师，从动漫宅男华丽转身成为职业达人，我尝试通过浅显易懂的说明，巧妙地将如同西洋油画般抽象复杂的红酒转化为“8-bit 像素图”，熔炼出一本让人“能够轻松理解红酒文化”的入门书。

现今，在全世界范围内，红酒已成为日常消费品，即使红酒比水更廉价也不足为奇。毕竟葡萄原本就自带水分及糖分，丢在一边不管不顾竟然变成了美酒。有了水分和糖分，偶然酿成了红酒， 还被一群猴子偷喝了！或许，红酒本来也不过就是这样的东西。所以，红酒既不需要晦涩的知识，更没有高门槛。

尽管如此，红酒仍然给人一种“难以亲近”的印象。这或可归罪于伟大的红酒专家们写的入门书、专业书，毕竟内容都是“一板一眼”的！其实，我对红酒的了解并不足以完成一本红酒专业书。但是，就如同向到酒馆内喝酒的客人谈论红酒的魅力一样，还算不得不自量力。真正理解红酒的必要条件并不是掌握正确的红酒知识及历史背景，而是瞬间的“怦然心动”的感觉。我竭尽全力想传达的正是这种“怦然心动”的感觉。心动之后，对普通的红酒专业书便能轻松理解。总而言之，本书就是为了引导您如何看懂更专业红酒书籍的“引玉之作”。

或许，红酒原本就是很难品出味的?

来本店喝酒的客人中，喜欢其他种类的酒、但是却又不知道其同红酒差异的人不在少数。这是为什么? 其实，即便是持有侍酒师资格证书的我，对自己的味觉也完全没有自信。不但啤酒、发泡酒及第三啤酒（发泡酒及第三啤酒均为产自日本的特殊酒类）之间的口感都分辨不清，就连食物也是觉得越辣越咸才越美味。有时还会对女友烹制的家常菜，即使是方便面之类的也倍加赞赏。连我这种如此不懂美食的人，都可以判断出各种红酒的不同风味，您还有什么担心吗? 确实，红酒的品种确实不少，据说全世界共有几十万种。即便如此，只要掌握“主要角色的特点”，就能充分品味出红酒的差异了。如同中途观看正在热播的电视剧，起初完全无法融入情节中，但是，随着对主要角色的性格、作用、相互关系的了解，逐渐就能形成整体观。

其实在广阔的红酒世界中，大体也是如中途观剧一般。红酒中也有“主角”。一旦你摸清了“主角”的性格后，店里一瓶瓶源源不断的红酒如同化身为动漫中的人物，发散出灼灼光芒。你对红酒的感情，会不可抑制地喷薄而出。以至于明知道都讨人嫌了，还是欲罢不能地对周围的人津津有味地“侃”起你的“红酒经”。

对我来说，红酒最大的魅力更在于它直接体现着品酒者的人生经验。

譬如说，我二十岁那年，曾有幸在一个偶然的机会品尝到了高级红酒“拉塔希”（La Tache），而那时真实的感受却是：“知道这酒了不起，可就是品不出具体好在哪里。”

唉，这不是暴殄天物吗？

一瓶一百万日元的红酒，因为“不懂”而被搁置一旁，那时的我真是傻得透顶！

然而，那确实是没有办法的事。高级红酒不能满足所有人的口味，相反，红酒挑人，高级红酒更是精心地挑选着品酒者。

对那时的我来说，品鉴“拉塔希”还为时尚早，只是小店里的廉价红酒就能喝得津津有味了。

在本人惨淡经营着两家酒吧、饱尝了人生的酸甜苦辣后，再品尝“拉塔希”之类等级的红酒，才能有“一饮成痴”“余味无穷”的感悟。

为什么会感动至此？实在是无法表述。

茫茫中能感觉出美酒天生能唤醒品酒者人生深藏的记忆。唠唠叨叨了这么多，也许会有人疑惑：如此漫长的人生，不懂红酒，不也没问题，照样过一生？

既然如此，为什么我仍是希望您多了解一些呢？

其实多一些对红酒的了解，不是多一些乐趣吗？

今天，朋友们难得欢聚一堂，少不了坦普拉尼罗的助兴！

在红酒卖场，再也不会陷入不会挑选的尴尬境地……

“2009 年的凯隆世家古堡，就它了！”

了解红酒价格中更深层次的价值……

“要口感稍显清爽的，选下面这款长相思好了！”

在红酒吧点餐，可以说清自己的喜好了……

“来份鸡胸肉配澳大利亚西拉！”

可以根据气氛和食物来选配红酒……

在某些时候、美好的瞬息，感受自己的精致，不是很美妙吗？所以，请走进红酒的世界看看吧。

虽然只是小小的一步，人生却会更加丰富多彩，也正是这小小的一步，一定会带给你意想不到的回报。

PART I
红酒基本知识

PART 2

旧世界

PART 3
新世界

PART 4
终章

登场人物介绍

味觉和薪水都处于平均水准的公司职员。依赖性强，性格缺乏决断。

洒脱大方的姐姐。涩感和酸度较低，柔顺、口感圆润。

红酒店老板兼红酒教室老师。为了普及红酒知识，甚至不惜将客人“软禁”。

品丽珠，大家的好帮手。其他品种和品丽珠混合，也立刻“高大上”起来。

擅长一切科目的学霸。单宁层次丰富的红酒之王。

有爱心，大家心中的女神。因产地及酿造方法的不同，口味会发生很大变化。

有让人难以亲近的气质及美貌。玫瑰醇香，口感充满红色水果的风味。

活泼调皮，现场气氛的调节者。辛辣，口感厚重。

天真烂漫的小姑娘。博若莱红酒甜美的草莓香气，适宜新鲜饮用。

悠闲自在的小鲜肉。强烈的白花香型，果味独特充盈。

孤高冷艳，令人仰慕。是香槟的幕后功臣。

乡土气息的田家小姑娘，未来充满无限希望。带有草莓果酱、黑胡椒的香气。

孱孱弱弱，经不起风雨的温室的小花。酸度低，香气浓郁丰富。

灰皮诺具有神秘的两面性。既有意大利灰皮诺淡雅的一面，又有法国灰皮诺厚重的一面。

总是在玛珊身旁给予她帮助。如蜂蜜、红豆般细致芬芳。

什么奢华就喜欢什么的年轻女孩。带有独特强烈的荔枝、香水的芳香。

单纯、蛮横、娇羞的小姑娘。直爽的辛辣和酸味平衡得很好，口感甘甜。

衣服总弄得脏兮兮的，爽朗、单纯、自来熟、朴实，味道清爽。

长相思

率直、冷静的天然美少女。具有典型的绿色草本芳香，还伴有西柚的果香气息。

莫斯卡托

可爱弟弟型，实则腹黑。甘甜香醇的味道，在年轻女性中很有人气。

白诗南

不想出名，却又干些出尽风头的事情的奇怪家伙。没什么突出的特点，却别具魅力。

桑娇维塞

因基昂蒂而为我们所熟知。内心强大的领导类型。涩味和酸味平衡得很好。

卡里尼昂

新近选培的卡里尼昂是一位问题少年。混杂着烟草和巧克力的香味，口感带有成熟的果实气息。

内比奥罗

因巴罗洛而声名远播的不懂人情世故的王子。熟成期长，有着厚重丰满的味道。

米勒-图高

朴素不显眼，但是是大家倾慕的隐藏的实力者。口感低调直白。

特浓情

外表看上去完全是个女孩，结果是个伪娘。水果酸奶的甜香扑面。

西万尼

总是被雷司令超越的女子，和酸味强的葡萄中和后，口感柔和。

甲州

腼腆话少的美少女，大和抚子（妇德高尚）。适合搭配日本料理。清雅恬淡，芳香爽口。

马尔贝克

一看就是位娘娘腔，带有黑加仑和紫罗兰的芬芳，涩味适中。

贝利A麝香

总跟着腼腆的甲州的活泼小姑娘。隐隐有黑蜜和红色水果的风味。

好动、有活力的大姐大。有强烈的浓缩果汁味道。

产自南非，是位畏寒的舞者。具有充满野性的多汁水果风格。

一个一心只知道吃的吃货。果味醇厚，涩味不显。

令人忍不住要保护的天然呆萌女孩。口感柔和、顺滑，酸味适中。

适合夏日去旅游胜地游览的健康女孩。散发出桃子和草莓柔和、甜美的香气。

装模作样，热情的哗众取宠的男人。具有梅、李、樱桃等黑色系水果强烈的香味。

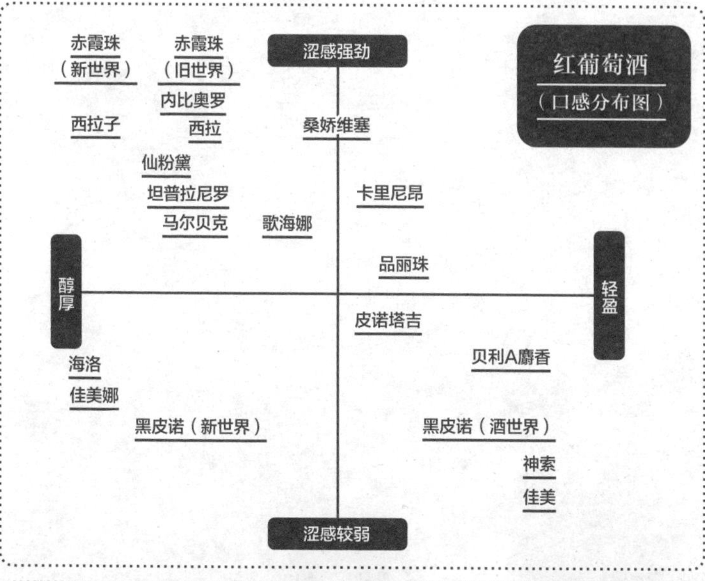
红葡萄酒
（口感分布图）
涩感强劲
涩感较弱
醇厚
轻盈
赤霞珠（新世界）
赤霞珠（旧世界）
内比奥罗
西拉子
西拉
桑娇维塞
仙粉黛
坦普拉尼罗
卡里尼昂
马尔贝克
歌海娜
品丽珠
皮诺塔吉
贝利A麝香
海洛
佳美娜
黑皮诺（新世界）
黑皮诺（酒世界）
神索
佳美

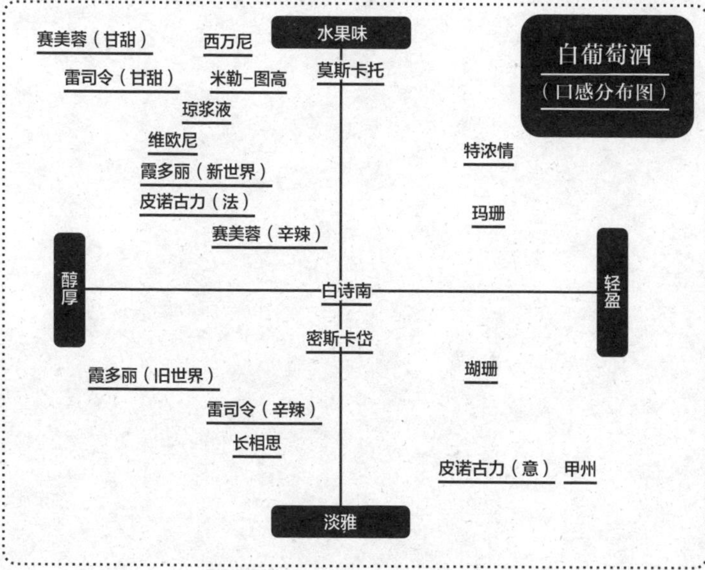
白葡萄酒
（口感分布图）
水果味
淡雅
醇厚
轻盈
赛美蓉（甘甜）
西万尼
莫斯卡托
雷司令（甘甜）
米勒-图高
琼浆液
维欧尼
特浓情
霞多丽（新世界）
皮诺古力（法）
玛珊
赛美蓉（辛辣）
白诗南
密斯卡岱
瑚珊
霞多丽（旧世界）
雷司令（辛辣）
长相思
皮诺古力（意）
甲州

序章（プロローグ）

满满的
哇，这么多啊。
开——门
欢迎光临。
哎呀，真烦，选什么好啊？
呼
今晚的聚餐，我来准备点小吃，红酒你去买吧。不用买贵的，好喝就行。
大学同学
唉——……
推荐
您看这个怎么样？
面对推销
这种合适吗？
说什么好喝就行，红酒这东西，不都一样吗？
没法拒绝，只有硬着头皮答应了。可是，我实在是……

今天刚到的红葡萄酒，请您尝尝看。
怎么样，试试吧。价格也不贵。
哇
红酒，红酒
好的，请。
那么，我来尝尝。
咕咚
咕咚
味道怎么样？
不是很懂。
感觉好像很好喝，请你……
晕眩
啊
给我……
这支……
扑通
哼

嗯……
嗯?
醒
啊?
惊
睡过了，迟到了!
咦?
东张西望
啊
终于醒了。
这不是刚才的店员嘛。
早上好。您睡得可真香啊。
欸?！对不起!
这里是……
没关系，没关系。
这是我们店里设立的红酒教室。
外面这么明亮，这是早晨了?！
不好意思，给您添麻烦了，我这就回去。
哎，不用着急。慢慢来没关系的。
慌张
完了，迟到啦。
怎么办啊……
转动

学……
学校？
当——当
一时半会儿您是回不去的。
你把我强留下来，是怎么一回事？
焦躁
我为刚才粗蛮的行为道歉。实在是有迫不得已的苦衷。
这……这完全是误会。
啊！你到底在试饮的红酒里放了什么？你这是绑架吗？绑架我吗？
现如今……红酒界已然走上衰退的末路，我希望你能拯救红酒界……
哈？红酒界？
你在说什么啊？
一阵烟雾
呜，哇……
变
弹指

以前
爱
充满活力
这个世界自古以来就是靠着人们对红酒倾注的爱而得以运作的。
现如今
孤零零
失意消瘦
这种力量正一年比一年衰弱。
当
当
当
怎么会这样?
正如你所想的那样，这里不是人类的世界。
我们这个世界生活的人就是红酒原料的葡萄们。刚才你看到的校园里的孩子们其实都是葡萄哟。
啊?
我虽然不是很明白……假如说那种力量变弱的话，会有什么后果?
没法谈下去了。
我们会越来越虚弱，最终消亡。
……怎么会这样!
为了避免消亡才……作为红酒界的一员，我化装成商店的店员，借以开展各类推广红酒的活动……

拜托了。您可以稍微多了解一下红酒，然后多喜欢红酒一些吗？
我希望你能拯救我们这个世界……
……
我明白了。既然这样，那我……
那就说好了。哈哈，太好了。就这么说定了，那么我们的授课马上开始！
变
真
你也变得太快了！
这次遇到的都什么事啊！不过，话说回来，我还是我的小职员……
我可没时间待在这儿，没事，我先撤！
我要回去。
没好好了解红酒前，你是无法走出这个世界的……
沙沙
沙沙
呼
呼
可……可笑。
哎，这到底是什么地方？

PART I

红酒基本知识

ワインの基本

Le début du vin

美味

CHAPTER I

从『孩子般的美味』出发启航，目标直指『成人式的美味』

红酒是为了享受才喝的。

所谓的“好喝”“难喝”，这些都很大程度地受个人的喜好所左右。可是，假如非要给红酒的“美味”加个定义，那就是“平衡感非常好的就是好酒”。

也就是酸味不能太强、甜味不能太甘、果味不能太浓。总之，都不能“太过”，味道没有特别突兀或特别缺乏的红酒。

所以，这样的酒，即使是对自己的味觉没有什么自信的人，品起来也不会感到太酸或太甜，自然地平衡，恰到好处，不由感叹出“真好喝”！

虽然都是“好喝”，但这“好喝”可分成好几个等级呢。这个事实，让品尝红酒的人，增添了一些紧张感。

味觉很神奇，它会随着年龄阅历的增加，发生变化。比如，很多人小学的时候可能会满足于汉堡、奶酪、烧烤这类“简单美味”；等到成人后，可能又会移情于安康鱼肝、醋腌青花鱼、醋拌凉菜这些“难懂的美味”。

同样地，红酒也有“简单的美味红酒”和“难懂的美味红酒”。

“简单的美味红酒”连小朋友都能懂得、感受其美味（不能让小朋友饮酒），也就是感觉像饮料一般，稍稍有那么些甜。所以按照常规来说，“简单的美味红酒”的价格通常较为低廉。

相反地，舌头没有积累一定的经验值，就无法尝出好坏的“难懂的美味红酒”一般会被归入“高档红酒”的类别。这种“高档红酒”让不懂红酒的新手品尝也分辨不出红酒的好坏，纯粹是暴殄天物。就如同二十岁时的我喝“拉塔希”的状态是一样的。

还不习惯喝红酒的人，会感觉其如同饮料那般，稍稍有那么些甜的“简单易懂的红酒”才是美味的。

如果接下来渐渐迷上红酒，对红酒的喜好便会发生改变，会开始觉得味道更加复杂而细腻的红酒更好喝（当然，这世界中也有那种拥有与生俱来天才舌头的人，初次尝试复杂难懂的红酒就能品出美味）。

有时候，也会遇到对着诸如唐培里侬这种高级香槟酒，依然能大言不惭地说出“不好喝”的人。

不好喝是不可能的，美味毋庸置疑。香槟酒被写作香槟的时候，就已经注定是当之无愧的美味。香槟酒之所以能被叫作“香槟”，就是因为它的制造过程严格得几近苛刻，并且限定了特定的香槟产区。如此，还有人能坦然认定唐培里侬味道不怎么样，只能说这个人对美味的感受还停留在“饮料美味”的阶段。

不过，正如我之前曾说的那样，红酒是嗜好品，而每个人对美味的感觉又是千差万别的。

舌头的经验值影响着人们对美味的感觉。所以，初始的时候，没有必要非要去购买什么高档红酒。相反，我们可以选择从便宜的如“饮料般美味”的红酒入手。渐渐地，当“饮料般美味”的红酒不再能满足我们对美味的追求时，就到了去尝试追寻“复杂难懂的红酒”的时候了。

笔者因为职业的原因，品尝过各种各样的红酒，其中亦有时会突然想喝“饮料那样好喝”的红酒。

总之，“美味”没有优劣之分，只要好喝就可以了。

相比“喜好”来说，“经验”才真正改变着味觉

舌头等级 1

仅能品尝出水果味及甘甜的味道。

舌头等级 2

开始对微妙、纤细的口感有感触。

呵

呵

呵

舌头等级 3

舌头经验丰富，
可以品尝出高级红酒中的每种味道。

CHAPTER 2

红酒的基础

试饮四种『王牌』

提起红酒，有其必然的首选。

无论大家怎么说，法国红酒中的“勃艮第红葡萄酒”和“波尔多红葡萄酒”都是理所当然的首选。

“勃艮第”和“波尔多” 的名称，不像日本清酒月桂冠及超级啤酒那样是商品名称，也不是因“波尔多”先生的作品得名，更不是指一家名叫“勃艮第”的酿酒厂酿制而成的红酒。“勃艮第”和“波尔多”是法国的地区名称，就如同日本的东北地区、近畿地区。

这么命名，范围可就大了，当然了，人们口中同样被称为“勃艮第红酒”和“波尔多红酒”的价格也就有高有低，质量也参差不齐。

这两种酒虽说是所有红酒的基准，但我们也不用思虑过深，大体能在舌头上留下两种酒不同口感的记忆就可以了。

这两种酒虽然同属红葡萄酒，但“波尔多红葡萄酒”的味道非常厚实，而“勃艮第红葡萄酒”的味道则明显显得清淡。只要别喝到烂醉如泥，你一定能感受到这两者非常明显的区别。

这是品鉴红酒的最基本的“基本”。烦恼着“嗯，我是喝勃艮第呢，还是喝波尔多呢 ”的人，无论怎么看，这些“认真为红酒的选择而烦恼的人”都很“高、大、上”。这比之前小白的我们还在踌躇着是选红葡萄酒好、还是白葡萄酒好来说，不是明显的一大进步吗?

提起波尔多红酒，顺便简单介绍一下它“单宁强劲（涩味），口感浓郁”的特征。品尝波尔多红酒时，请尝试着在口中细细咀嚼“强劲的单宁”。不懂红酒的人看到此景也许会认为你对红酒颇有研究。当然，红酒品鉴的行家们看到了可能会觉得此举匪夷所思（对这些人来说什么都是理所当然的了）。

但是，不管怎么样，对红酒术语能从单调的字面强记到理解并能出口运用，已经非常了不起了，大大提升了学习的氛围，我认为这是非常重要的。

弄清楚两大首选红葡萄酒口味的区别后，接下来我们来看白葡萄酒的两大必选。

要理解白葡萄酒，首先我们必须能正确地区分出“辛辣”和“甘甜”的不同。

为什么会有此一说呢？举个例子，过往曾无意喝到了“非常甘甜白葡萄酒”的人，在脑海中可能会留下“我喜欢辛辣的白葡萄酒”的印象；而偶然饮过“超酸白葡萄酒”的人，他可能认为“还是甘甜的白葡萄酒适合我”。

为了防止出现这种极端的意外情况，还是先从辛辣的“勃艮第白葡萄酒”和稍许甘甜的“雷司令”说起吧。

“勃艮第白葡萄酒”可选者非常多，但是其中最负盛名的还是夏布利。

有红酒的地方就有夏布利。夏布利美名远扬，因而被大量生产，口味也良莠不齐。夏布利是最典型的能让我们轻松了解白葡萄酒辛辣感的葡萄酒。人们总是不自觉地喜欢自口中吐出“夏布利”这个名字，可能它奇特的发音也是影响着它的人气因素的秘密所在吧。

顺便提醒一下，这里的“夏布利”指的是产自勃艮第产区中夏布利地区级法定产区的葡萄酒。非要强拉硬拽地举个例子让日本人感同身受的话，就如同指的是“产自东京都世田谷区的葡萄酒”那样。

甘甜的“雷司令”。

“雷司令”不是地区的名字，而是一种葡萄的种类。葡萄酒商店的工作人员经常被要求替客人选出“像雷司令那样甘甜”的葡萄酒，而大致上，他们都会为客人选择“法国阿尔萨斯”和“德国”的白葡萄酒。

可以对比地喝喝试试。同样是白葡萄酒，为什么有辛辣和甘甜，为什么同样都是美味的，而口感却又有那么大的差别?

说辛辣感美味，怎么甘甜口感也美味? 为什么啊，你完全感受不到，无法理解? 其实，正如你知道的，每个人的味觉都是不相同的……不管如何，哪怕你只了解其中一种美味，你就可以这样询问店员：“辛辣比起夏布利如何? ”或“甘甜同雷司令相比，怎么样? ”如此发问，店员们多少都会认为您已经有了自己的红酒口感喜好。

顺便再提一句，酒精度数在 11% 以下的红酒，基本上（准确率很高）都是甜的。因为糖分经发酵后产生酒精，酒精度数越低，说明该红酒糖分保留得越多。

了解味道“相当不同”的相关知识

“很容易捉摸到口感特征”的典型案例

通过这张表将红酒的“姓名”“出生地”“品种”横七竖八地记录下来。
了解其中的“出生地”和“品种”，其口感基本就可以想象出来了。

CHAPTER 3

主要品种

试饮六大品种

和苹果、草莓一样，红酒的原料葡萄也有许多种类。

每个都个性十足。

红葡萄的赤霞珠，霸气十足，口感厚重。是位非常认真的学霸。

白葡萄的霞多丽有多达 80 个品种。能调和产地及酿造者的不同个性需求。人见人爱，是大家的偶像。

边想象一下葡萄酒品种的特征，边享受红酒吧。

这样不就很容易找出自己喜欢的品种嘛。

葡萄的品种是红酒的命脉所在。

草莓有“女峰”“奶油草莓”的品种之分，苹果的品种也分“富士”“红玉”；同样，红酒的原料葡萄也存在很多种类。葡萄的品种对酒的风格有着决定性的影响。

不可否认，葡萄的产地不同、酿造地不同、酿造工厂不同、制造年代不同、制造过程中的精细程度不同等条件都会对红酒的口感产生影响。先撇开严格意义上对红酒美味的判定，葡萄品种决定着红酒基本口感的矢量。

所以，想了解红酒就必须先大致了解葡萄品种的特征，这才是条捷径。而且也不是多难的事。

据说世界上的葡萄有数千个品种，位于第一集团的品种，只有以下六大品种：

第一大品种为赤霞珠

突然登场！毋庸置疑的红酒界的主角。波尔多产区，化身为超高级神酒的超级学霸。

接下来是黑皮诺

勃艮第最重要的葡萄品种。对土地很敏感的孤高冷艳少女。由其酿制而成的伟大红酒罗曼尼·康帝口感高贵复杂，狠狠冲击着我们这些红酒控的内心。

之后是梅洛

梅洛和赤霞珠被称为波尔多“双璧”，都是非常重要的角色。带有果实的口感，单宁较少。圆润通融的美丽女性。身为女生，竟然带有腐叶土的气息。

再接下来是白葡萄的霞多丽

霞多丽一直广受喜爱，是世界级的超级偶像。能自由变身为夏布利、香槟、加州白葡萄酒，在不同的土地展现不同的风情。快，也沾上它的气息吧。

再接着是雷司令

让人迷恋的雷司令。贵腐酒、冰酒等多种高级甘甜红酒遥遥屹立在甘甜红酒的金字塔顶端。原本带有的酸味，演变为不过分甜腻的美味甘甜。外冷内热。

最后是长相思

青草、香草的浓郁草本芬芳充斥口腔。清爽白葡萄酒的典型代表。青青，青葱，啊，我也想和你一起化为长葱。

哈哈，说笑说笑。有点凌乱了。一想到可以看到六大品种齐聚一堂，我就兴奋得不能自已。

只要能记住这六大品种的口感，就能特别快速地找到自己心仪的红酒。

我们不妨找个例子来试试看。

先从红葡萄酒开始。找到以赤霞珠葡萄品种为原料的红酒，品尝一下，舌头感受留下记忆。赤霞珠这种品种，它的口感就如棒球运动中的一击即中，正切中你的所好！很多人想象“红葡萄酒王者”的味道时，脑海里不由自主浮现的还是赤霞珠。如果感到赤霞珠过于厚重，接下来，我们可以试试以黑皮诺为原料酿造的红酒。但是如果你还是喜欢赤霞珠这种浓厚口感风格，又想有点区别，倒是可以试试以梅洛为原料酿造的红酒。

掌握以上这些，对红葡萄酒的喜好就基本可以把握了。

接下来，我们看看白葡萄酒。找到以霞多丽葡萄品种为原料的红酒，细细品尝下，舌头感受留下记忆。霞多丽可谓是白葡萄版的赤霞珠。

人们想象“白葡萄酒王者”的味道时，其实想象的就是霞多丽的味道。

脑海里浮现出霞多丽，却又想多添一丝夹藏的果实口感，那就找出雷司令为原料的红酒来仔细品尝一下。如果希望口感更偏清淡点的，那就试试以长相思为原料的红酒。

掌握以上这些，对白葡萄酒的喜好就基本可以把握了。

以红葡萄的赤霞珠及白葡萄的霞多丽为起点，只要我们了解了六大葡萄品种的地位及特征，我们就可以根据实际的现场氛围和食物的搭配等来选定我们需要饮用的酒品。

在这六大品种中，某些品种您可能已经多次饮用过。但，那时无心，此时有意，您已经留意到了该品种的特征，所以应该再喝一次看看。人类的舌头是神奇的，此时有意地来一杯，带着意识去探寻印证，一旦捕获到这种口感，舌头接收到信息输入，就很难忘怀。怎么样，请来杯试试吧。

2 选 1，竟然有无数个选项

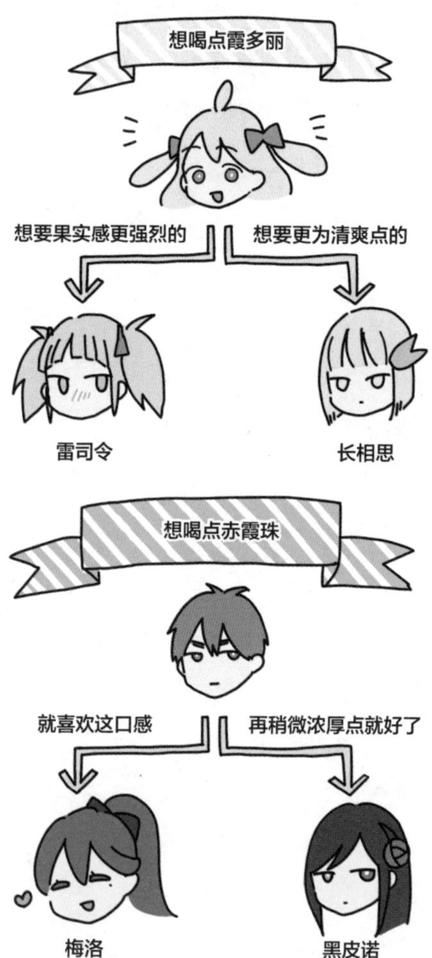

CHAPTER 4

单一和混合

红酒瓶的标签上有的标有葡萄品种名称，有的却没有标明所用葡萄品种。

酒庄什么什么

赤霞珠

红酒瓶的标签上标有葡萄品种名称的都是单一品种，如赤霞珠。

赤霞珠

只有我一个人。

新世界

智利和澳大利亚的红酒多为此类。

没写品种的，多为混合品种酿造而成的。

赤霞珠

梅洛

品丽珠

シャトー

酒庄

各种品种混杂的。

欧洲红酒多为此类。

我们首先从单一品种开始吧。

咔哧

拜托，请多关照。

呵呵，请多关照。

准备好“六大品种”的地图，马上就要开启我们的红酒世界探险之旅了。

世界上众多红酒中的大部分都使用到了六大品种的某些品种。即使有的红酒没有使用六大品种，而是使用了不为我们所知的品种，我们也可以这样向店员咨询：“这种葡萄品种和六大品种的哪一种更接近？”这样就更容易找到自己喜好的红酒。

这么一来，岂非可以安心了？

比起总是在被问及“您想要喝什么样的红酒”时，身体和表情迅速尴尬僵化，感叹不如喝啤酒算了，我们现在已经取得了可谓巨大的进步。

笔者一直自诩自己是“平民侍酒师”，发现这些方法实际有效，我是非常欢喜的。当然，事情都不会如此简单。如果大家如此容易地就对红酒了如指掌，那这个世界上还要职业侍酒师干什么？红酒正是因为它的复杂难懂，才愈加迷人。

我们在实际购买红酒的时候，发现了一个大麻烦，那就是“我们根本不知道这瓶红酒原料选用了哪种葡萄品种”。

这类红酒还不在少数，比比皆是。

虽然，确实有的红酒的标签或是店内的广告上大书特书地写着“霞多丽”“赤霞珠”，但不可否认，对葡萄品种讳莫如深的红酒也占着非常大的比例。

特别是选用混合葡萄品种的红酒，其中大半都没有在标签上注明品种。多类品种杂然一体，没有相当的经验，想在口中辨别出品种类型和口感，难度很大。笔者也曾有过这样的经历：浅尝几口红酒，舌头就麻痹了，歪着头困惑不已：“你是哪位啊？”

所以，品尝“混合品种”红酒，重要的不是去捕捉特定品种的口感，而是去体验国家、地域不同所带来的不同风情的口味。

标明葡萄品种的被称为单一葡萄品种红酒（单一葡萄品种红酒又被称作 Varietal Wine），这种红酒选用单一葡萄品种，假设其选用的是霞多丽，那么标签上就会写明“什么什么霞多丽”，直接明了。

如果我们试图去捕捉某种葡萄的口感特征，那么我们就可以选择标签上写有该品名的单一葡萄品种红酒。

在售卖红酒的商店里，既有单一葡萄品种红酒也有混合葡萄品种红酒，如果要论谁是主流，各个国家的情况又有所不同。

红酒的世界分为两大阵营，一方是拥有古老红酒历史的“旧世界”（以法国、意大利、西班牙、德国为主），另一方是红酒的新兴国“新世界”（其中以美国、智利、澳大利亚、日本为主）。旧世界的红酒普遍以“混合品种红酒”为主流，而新世界的红酒则是以“单一品种红酒”为主流。

这当然不是绝对的，也有许多例外。为了方便记忆，大致上我们可以这么去记忆：欧洲流行混合葡萄品种红酒，欧洲以外的国家则为单一葡萄品种红酒。

具体的可以进店确认。比如美国加利福尼亚红酒的标签一般都写有葡萄品名；而相反地，法国的红酒，你单看标签是无法了解其到底使用了哪些葡萄品种。

旧世界复杂难懂，新世界简单明了。

据说新世界中智利的红酒尤其适合新手，其红酒多为简单明了的单一品种红酒，这可能正是原因之一吧。

所以，任凭红酒种类如何繁复，而我们只需从新世界的单一葡萄品种红酒中选择，一种一种地喝过来，记忆一种一种的口感。如能成功地区别出其中的不同，选择和品尝就逐渐变得有趣起来。

当然，习惯单一葡萄品种红酒后，我也希望大家对混合葡萄品种红酒跃跃欲试。只有理解了单一葡萄品种红酒的各种特征，才能真正感受到混合葡萄品种红酒的魅力所在。

这是笔者自“怪物农场”这部游戏中得到的非常重要的启示。

理解了单一葡萄品种红酒后，我们来试试混合葡萄品种红酒吧

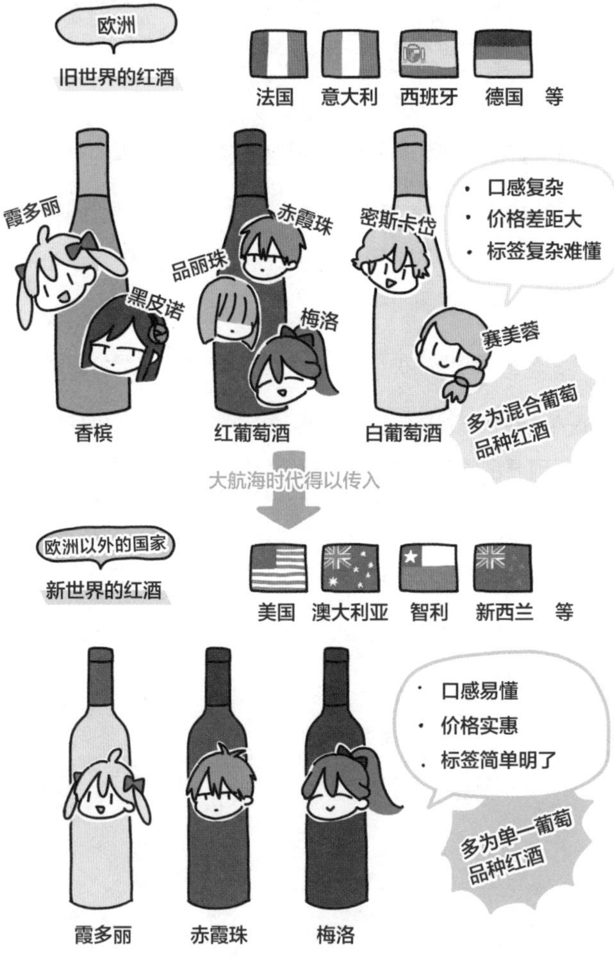

欧洲

旧世界的红酒

法国　意大利　西班牙　德国　等

霞多丽
黑皮诺
赤霞珠
品丽珠
梅洛
密斯卡岱
赛美蓉

香槟　红葡萄酒　白葡萄酒

- 口感复杂
- 价格差距大
- 标签复杂难懂

多为混合葡萄品种红酒

大航海时代得以传入

欧洲以外的国家

新世界的红酒

美国　澳大利亚　智利　新西兰　等

- 口感易懂
- 价格实惠
- 标签简单明了

多为单一葡萄品种红酒

霞多丽　赤霞珠　梅洛

标签

CHAPTER 5

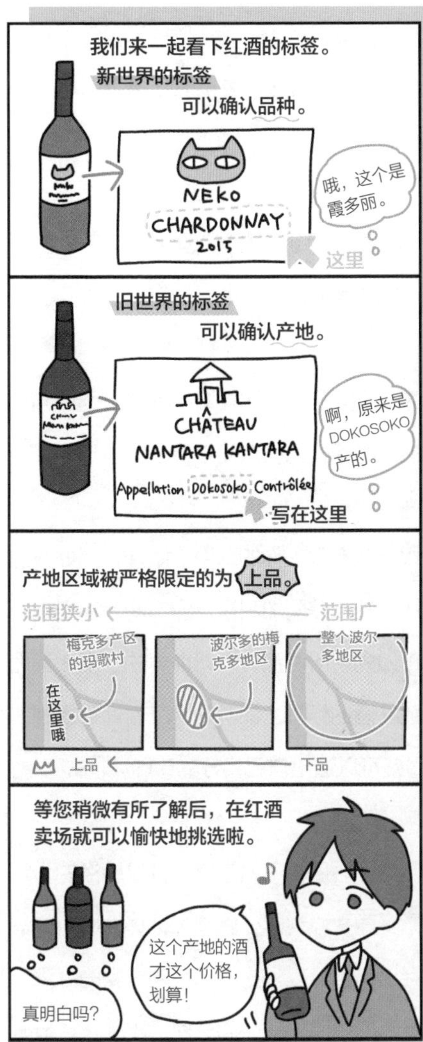

※ 以法国红酒标签为例。　※ 酒名均为虚构。

新世界看到『品种』，旧世界见到『产地』。

曾经有客人这样问我："只看红酒标签，侍酒师能知道这是否是瓶好酒吗？" 结论是，即使是侍酒师，也不能一概都了解，有的能明白，有的确实不知道。

我为什么不能豪气直白地断言："我是职业侍酒师，肯定知道！"因为红酒标签这种东西，它所表明的信息非常的有"分寸"。

现在人们普遍倾向于认为：旧世界（欧洲）的红酒标签晦涩难懂，而新世界（欧洲以外）的红酒标签则相对简单明了。

一走进红酒卖场，这种印象就会闪入你的脑中。眼前，到处都是一排排的红酒。我们先从智利、美国加利福尼亚、澳大利亚等新世界的红酒开始看起。正如先前所说那样，新世界的红酒大都为单一葡萄品种红酒。多数红酒的标签上都明确记载着葡萄品种，只要看着红酒标签，我们就可以选出自己喜好的口味，非常简单。

这么一来，选择红葡萄酒的话，原料不是赤霞珠就是梅洛的；选择白葡萄酒的话，不选霞多丽为原料的，就选长相思为原料的。这么选下来，一般都不会出错，可以轻松地寻觅到好喝的红酒。接着再综合价格，一款好喝的红酒就这么简单地找出来了，准确率很高，非常有效。

以上知识，是初入门的人必须掌握的。

再来看看比新世界更复杂一些的旧世界的红酒吧。

比起品种，旧世界更为注重产地。举个例子，比如棒球分一队、二队、三队，葡萄酒产地也有上品、下品的等级之分。其中最为典型的就是法国的 AOC 等级制度。AOC 是原产地控制制度的缩写，从名字上就感觉很复杂。

我所知道的最多也就是 NHK（日本电台）和 JAL（日本航空）的 VIP（贵宾），哈哈，是不是开始有抗拒心理了呢?

不过，事实上也没那么困难。

AOC 是产地身份证明，产地范围越小，相对来说，它的品质和价格也就越高。

名词注释:

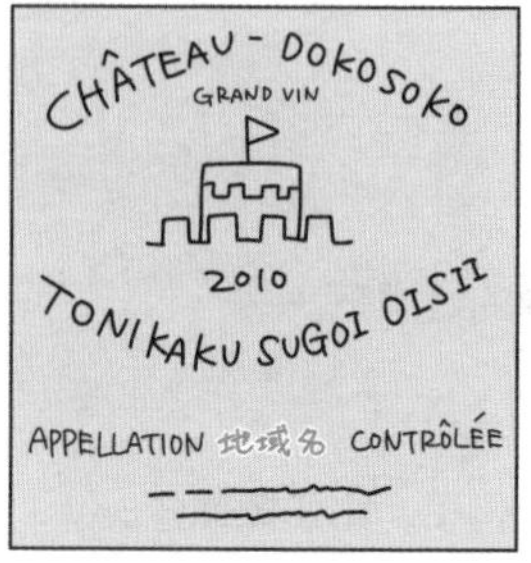

Appellation(名称) d' Origine(原产地) Contrôlée (控制),这个标产区的名称直接写在“名称”和“控制”的中间。

举例来说:

Appellation(名称) Bordeaux(波尔多) Contrôlée (控制)这个标,所有选用波尔多产区种植的葡萄的红酒都可以使用。

再举个例子:

Appellation (名称) Médoc (梅多克) Contrôlée (控制)这个标,只有选用波尔多地区中梅多克产区种植的葡萄的红酒才可以使用。产地范围进一步缩小,红酒也更为高档。

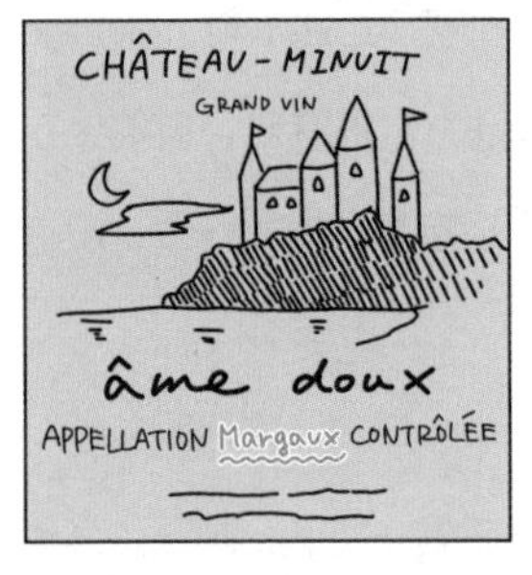

最后再举个例子:“Appellation(名称)Margaux(玛歌)Contrôlée(控制)”这个标，只有选用波尔多地区中梅多克产区玛歌村种植的葡萄的红酒才可以使用。产地范围被进一步严格限定，红酒档次更上一级。

为了让大家充分理解，我举个这样的例子吧。

“Appellation(名称)东京都 Contrôlée(控制)”比“Appellation(名称)关东地区 Contrôlée(控制)”高级。而“Appellation(名称)中央区 Contrôlée(控制)”又比“Appellation(名称)东京都 Contrôlée(控制)”更加高级。显然，“Appellation(名称)银座 Contrôlée(控制)”又比“Appellation(名称)中央区 Contrôlée(控制)”更加高级。

如此这般，在“产地限定范围越小越高级”的模式下，通过看标签，大致也能分清法国红酒的价值(具体哪些产区更狭小、更高级，后面会加以阐述)。

不过，根据EU的新规定，AOC将逐渐被AOP（Appellation d’Origine Protegee=原产地命名保护）所替代，目前，正处于两种规定混存的状态。不过这两个规定基本模式一致，没有根本性的变化。

如此一来，法国红酒的标签我们大致也能搞清楚了，同理，其他旧世界红酒的标签，我们也就很自然地理解了。

即使如此，我们也不能断言通过标签就可以判断出酒的好坏了，因为红酒标签上标明的内容并没有固定要求。

有的红酒标签上既没有记录Appellation，也没有记录Contrôlée，甚至连Protegee也没写明，只写了产区名称；还有的标签上连产区、品种名称都没标明，这样来历不明的家伙为数不少，出现率亦高。

看到这种红酒，是不是就束手无策了?

遇到这样的红酒，看看店头广告、问问店员吧（先走为妙）。

或者，见到这样的红酒，可以放在一边，不用管它。不管这种酒是“多么多么有名”，或是“谁谁谁推荐的”，我基本是不会购入这种来历不明的红酒的。

如果说您出于对来路不明物品的好奇心而购买，或者是因为这种信息不足的红酒，其标签通常做得花里胡哨，您买的就是外包装，倒也无可厚非。

还有的标签上写着“Grand vin de 什么什么的”，这些纯粹就是噱头宣传，完全不是那么回事，不用放在心上。比如说所谓的“Grand vin de Bordeaux”，意思是“波尔多伟大的红酒”，其实这伟大完全是“王婆卖瓜，自卖自夸”。

另外，在瓶身背面，经常用日语写着“full body”“medium body”“light body”。这些究竟指的是什么呢？其实指的就是“果实口感”“酸度”及“酒精度”的综合强度。

在这三项指标中，有两个及两个以上指标较强，则属于“full body”；三项都相对较弱，则为“light body”；如果一项超强，其他两项较弱则属于“medium body”。简单来说，就如同可尔必思饮料浓度是浓还是薄的分类。

这种身体的感觉，指的是舌头这种感官的震撼感觉，和日本大叔们迷恋的女性性感身体可不是一回事，务必不要混淆。

无论如何，“理解万岁”

新世界红酒标签

相对来说要简单易懂。

旧世界红酒标签

缺乏统一感，比较难懂。

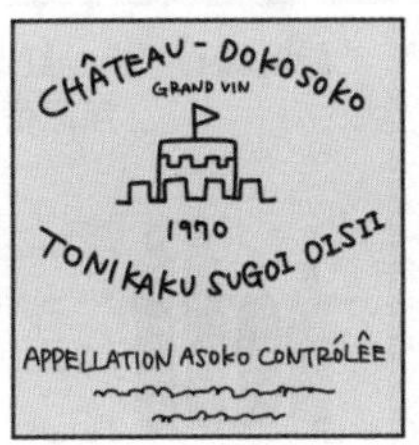

价格

CHAPTER 6

偶尔也买瓶贵的试试

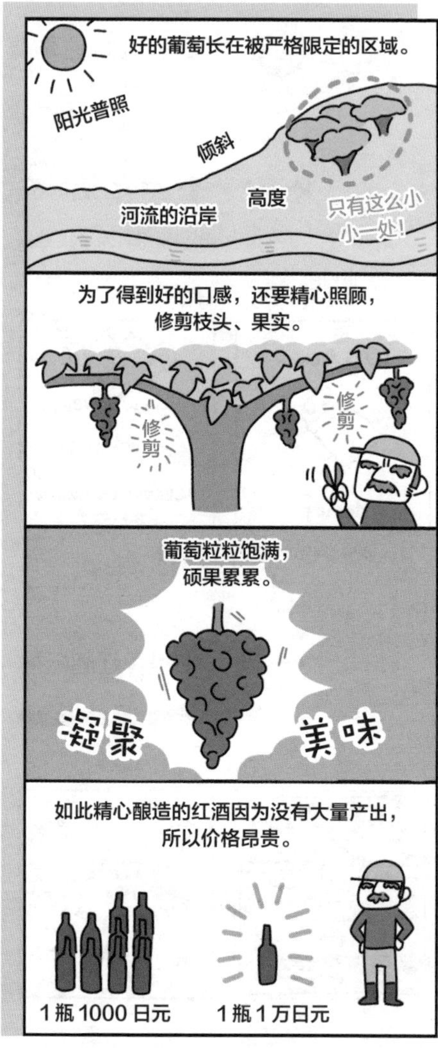

※ 小知识：一瓶红酒所需的葡萄约为 11 千克。

初入手，红酒价格对酒的好坏起着判断作用。

当然，价格不是绝对的判定标准，准确率是高还是低，也是人们热衷的话题。

好喝的红酒和价格成正比。这里的重点不是说“价格越贵，味道就越好”，强调的是“越贵越有可能是美味的红酒，是美酒的中签率越高”。

因为通常性地，非常廉价的红酒为了控制成本就不惜使用添加物和不合格的葡萄，并且大量生产。相反地，昂贵的红酒不但要选用珍稀产地的葡萄，甚至在这些葡萄中还要再次精挑细选。便宜又好喝的红酒也有，但昂贵的红酒基本都好喝。

那么，到底花多少钱，会喝到什么样的酒呢？我这边有个价格分级表，这个表的价格划分区间同红酒美味和等级对应得还是相当准确的。

◆ 一千日元以下　廉价葡萄酒

◆ 一千 ~ 两千日元　日常餐酒

◆ 两千～五千日元　稍微有点奢侈的红酒
◆ 五千日元以上　高档红酒
◆ 五万日元以上　超高档红酒（基本都是一级以上）

一千日元不到的红酒，大家最好别有什么期待。南非那样的“新世界中的新世界”的红酒新兴国出品的红酒，很难出好酒。但是这类酒也有所需，也有其市场。

一千～两千日元的日常餐酒“讲究搭配出好味”。笔者个人所饮的红酒基本都集中在这个价格区间。若说这个价格区间有好酒的话，主要是指这些红酒的果实口感分明，属于“简单易懂美味”型。新世界红酒多集中在这个价格区间中。但是如果您偏好口感更为复杂些的波尔多或者勃艮第，不好意思，在这个价格区间实在是没有可推荐的。

两千～五千日元之间的属于稍微有点奢侈的红酒，不再偏重于果实味，在这个价位区间中，可以找到复杂、纤细、难懂的红酒。这个区间的酒基本都是新世界出产的。我印象中，旧世界，特别是法国的红酒，不到三千日元是买不到的。

五千日元以上的可以说都是高级红酒。这个区间各种美酒都有，有适合新手的简单易懂的红酒，也有复杂难懂的红酒，无一例外都是美酒。对于对自己的舌头还没有信心的人，这种红酒可能太奢侈了点，但是智利的“费加罗之恋”和加利福尼亚“星光大道”系列简单美味，都是非常不错的选择。

五万日元以上的超高级红酒，可谓是一生的痴梦。如果你不是超级富豪，要想喝上这种酒，只能痴人说梦了。超高级红酒的口感非常震撼，直逼人的内心灵魂。唉，我们还是先成为能好好品味这种酒的超高级富豪再说吧。

有的人酒不贵不喝。笔者以前就是这类人。其实，那时的我根本无法领悟到酒之所以贵的原因。为什么红酒卖得那么贵？葡萄的珍稀价值就是其中之一的原因。优良葡萄的产区非常狭小，加上还要大量剪枝，产量也就越发的稀少。剪枝使得葡萄获取了充足的养分，颗粒硕大饱满。但是，剪枝的严格，减少了葡萄的串数，愈加加深了葡萄的“稀贵”。

收获的葡萄需要再次分拣，又多出来了手工采摘、分拣葡萄的人工费。再说，有时酒瓶也要花费颇多。

品牌溢价高的红酒，为了不被别人简单仿造出来，可能会特意将酒瓶做厚做大。有些有年代的红酒，价格会更加高昂。这类红酒不可再生，喝一瓶少一瓶，到一定时候就没有了。人们出于这种想法，都想着要去尝尝，这样的人多了，价格也就上去了。

所以我同意可以绝对点地说“价格高的味道都好”。在你人生的道路上，总有些让你“一醉方休”的美好而又重要的日子。在这个日子里，怎么可以过于吝啬，让低劣的红酒来捣乱破坏。我想你一定会选购高档酒来烘托气氛，让这一日更加流光溢彩。

高级红酒的美味是成熟的、稳重的。如果舌头还处在孩童时代，那么即使喝了高级红酒，也没那感觉。

我们可以先选择一些一千到两千日元的、符合我们“简单美味”标准的日常餐酒来品尝。

小知识：餐馆和酒吧每瓶红酒的价格大约是红酒卖场的三倍。也有的酒店，无论什么酒都统一加上同样的价格，这时候如果买高档酒那就相对划算。

咦？选着选着，价格就变高了

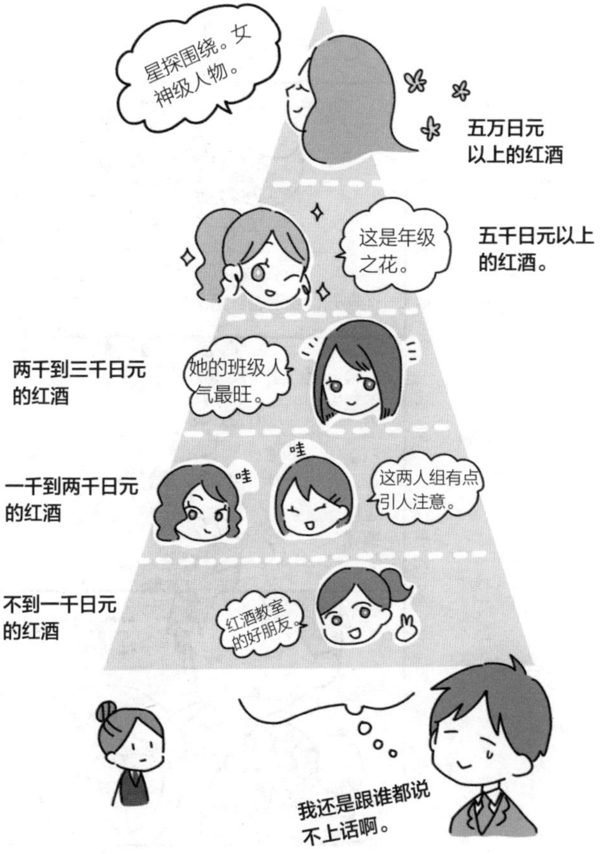

星探围绕。女神级人物。

五万日元以上的红酒

这是年级之花。

五千日元以上的红酒。

两千到三千日元的红酒

她的班级人气最旺。

哇

哇

一千到两千日元的红酒

这两人组有点引人注意。

不到一千日元的红酒

红酒教室的好朋友。

我还是跟谁都说不上话啊。

品鉴

CHAPTER 7

哗哗地倒入红酒，让整个舌头沉浸在红酒液体的包裹中

从红酒酒瓶向玻璃杯注酒开始，我们该注意些什么呢？

优美的倒酒姿态应该是将拇指抵住酒瓶的底部，自稍微高一点的位置向下倒酒，酒水哗哗地流出，亲密地接触空气并氧化后流入酒杯。酒水哗哗而出，不能旁洒、飞溅。好的红酒自高处倾泻而下，酒香和酒味更易觉醒。当然，廉价的红酒没有这一说。红酒的注入量以约占玻璃杯的三分之一为宜。为了让红酒的香味有足够的空间发酵、升腾，红酒一般不能倒得过满，酒面不能接近杯口。

接着，是品味。任何风格的品酒都是可以的。有的红酒，像喝啤酒一样美味，你可以咕咚咕咚三下五除二地吞下去。然而，对着自己精心挑选来的、价格不菲、珍藏的红酒，是不是该仔细品味一番呢？

第一步，先观察酒杯。酒色中如可见枯黄色、褐色、砖色，你就可以发出“哇，名不虚传”的感叹了，继而轻笑两声。

再深深地闻一口香气，说一声：“啊，酒醒了。”不懂装懂也没关系，只需说句“酒醒了”就行了。这句话很重要哦，它烘托了自己正沉醉于品酒的氛围。

要晃动酒杯吗？是的，晃一晃吧。动作要轻柔，轻轻晃一晃，不要洒出红酒。晃一晃，闻一闻，再晃一晃，再闻一闻。原先尘封在酒瓶中的美味渐渐舒缓、展开，宛如初次见面的少女终于现出羞涩，发散出迷人的少女风情。

终于开始要来一口了！品尝好红酒的原则就是尽量缓缓饮来，悠然自得。

沉睡已久的红酒，自初次冲击后，余韵正被慢慢唤醒。饱满充沛的香气和口感需要时间来释放，如此才能抓住红酒的本味。初尝红酒的舌头，如何挑战对高级红酒的高难度品鉴呢？

咕咚咕咚一气牛饮，美味瞬间流失，什么也抓不住。我们要郑重地饮一口，舌头慢慢搅动，一层层地追寻葡萄酒的结构，是涩涩的？果酱感？香烟味？这样也许更容易找到窍门了。

下面的话或许听起来有些疯狂。品酒时，要让葡萄酒液充分扩充到上颚，完全包裹住整个舌头，让舌头感知酸甜苦辣所有味道。当液体整个包裹住舌头后，口腔内的各个味觉感应区发生作用，葡萄酒口感特征就能比较轻易地被捕获。如果我们事先已经了解了所用原料葡萄的品种特征，有的放矢，就可以主动地去追寻特征口感。这样，事半功倍，或许就能“捕到风捉住影”（哎，味道不错？），也或许一无所获，只能喃喃自语地感叹：“呀，出乎意料，完全没有梅洛的影子。”流露出对声名远扬的美酒名不副实的感叹来。

红酒余韵悠长。

没有这种意识，就不会有那种深刻的领悟。高级红酒有高级红酒该有的香气和口感，残影绰绰，隐隐不灭。昔日分离的女友的香水味，瞬间跳跃而出，沉溺其中又割舍不断，迷恋而又无法自拔。

探寻香气

红葡萄酒香气

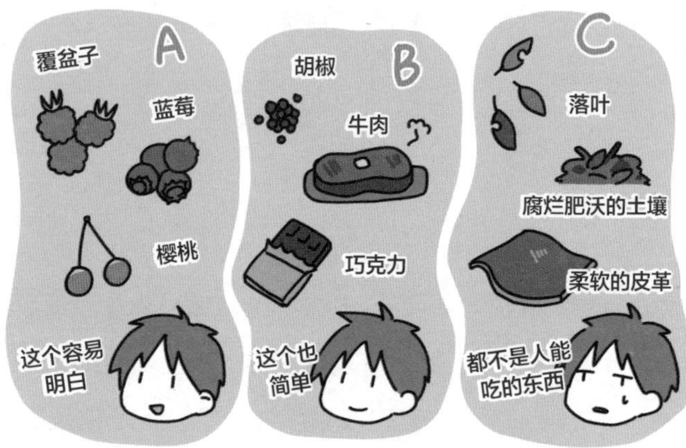

白葡萄酒香气

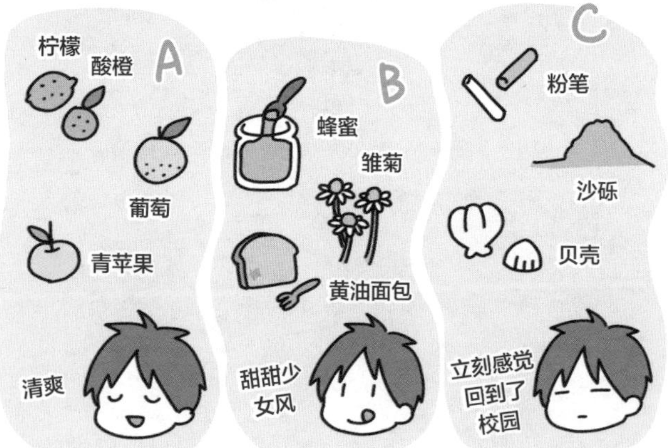

土地

CHAPTER 8

边品尝美味的红酒，边展开想象，
想象一下这美味红酒的产地吧。

应该是怎样的一个地方呢……

培育你的产地应该是……

在温暖的土地上无忧无虑、快乐地生长。

在寒冷的土地上被良好而知性地培育着……

土壤影响口感

赤霞珠

梅洛

霞多丽

沙砾质

黏土质

石灰质

让思想的野马稍放缰绳，你甚至能联想到
那方土地上生活的动物及人的习性。

狐狸这个……

呃，满身臭汗的大叔。

美酒只有留意它、懂它，饮起来味道才能美。

对红酒稍微有了那么些兴趣，每次逛红酒卖场时，面对相貌不同、琳琅满目的红酒，就如同集卡和收集玩具人偶的感受一样，突然就不想选了，这种心情其实是可以理解的。

可是，为什么世界上有很多人对红酒那么“狂热”呢?

追根溯源，笔者认为的答案是“或许正是因为他们对红酒风土性格的了解”，才导致如此痴迷红酒。

风土性格，如果非要给个名词解释，可以理解为：将葡萄产地的土壤、气候等随同红酒一起封印在酒瓶中，直接从酒的口感及品牌中所获得的兴奋。这正是红酒世界的入口。舌头传导的口感中包含信息非常丰富，包括葡萄产地土壤是沙砾、黏土还是火山灰，包括红酒产出环境、该环境中生活的动物、土壤中栖息的虫类及细菌，甚至该土地上居住的人是心怀宽广型还是谨小慎微型。这些信息错综密织，共同调制出了复杂的美味。

探触到风土性格核心的一瞬，就好似顿悟了所爱乐曲中隐含的主题、找到了导演在电影中的暗藏信息那样，全身汗毛舒张，被无法言喻的兴奋、畅快所包裹。想象一下，假如葡萄田的周边栖息着小狐狸，小鸟窝也搭在那里，那么自然地，土地中就混入了狐狸和小鸟的粪便。或者葡萄田里还混生着香草，也有橄榄树混种在一起呢。有时候，你还会看到红酒标签上画着动物的图案，那其实是表明“附近有动物栖息”。坦白来说，这些不会直接对酒的酸度、甘甜产生影响，可却会留下“好像很健康的样子”“风景悠闲恬静”的印象。所以，一旦回味起风土性格，这些光景就会交错闪现，会觉得愉悦无比。

有人可能会反驳说：“这完全是心理作用啊。”是的，笔者认为这种心境越强，所感受到的红酒的乐趣也就越多。

好葡萄充分吸收了风土性格

优良的葡萄田

· 土地贫瘠
· 排水畅通

我要加油啊，根伸得不长，葡萄果实就得不到营养。

不好的葡萄田

· 营养丰富
· 排水不畅

吸、吸

枝叶茂盛

沙沙

沙沙

枝繁叶茂，葡萄果实反而得不到营养供给。

器具

CHAPTER 9

用罩住鼻子的玻璃杯饮酒

进入了红酒世界，就有着太多的红酒配套必需品。

嫌软木塞难拔，你可以配个螺旋红酒起；嫌酒瓶盖不好开，你可以配个开酒扳手；想延缓喝剩的红酒口感变质，你可以配个红酒储存器，顿时轻松解决。

便利是个很大的大事。想喝点红酒缓解一下一日的疲惫，这时谁也不想拿个 T 形起瓶器，铆足劲、憋红脸陷入开瓶的苦战中吧。

而这些又都可以靠后。玻璃酒杯才是最初的必购品。红酒不单纯是饮品，玻璃酒杯的购入也是趣味之一。

雕花玻璃酒杯也好，红酒冰桶也罢，怎么都可以，总之，入手一定得是好的玻璃红酒杯。千万别用一百日元店的玻璃杯，也不能用促销赠品。这不是无理取闹，如果在这方面吝啬，反而会因小失大、得不偿失。

正正规规的玻璃杯能为红酒增色不少，甚至能产生一千到两千日元的附加价值感。

那么，究竟什么样的酒杯才能称得上是好酒杯呢？

就红酒杯来说，往深处去研究，分为波尔多用、勃艮第用、香槟用等，种类繁多。种类繁多的红酒杯都有各自独特的形状，用来最大限度地发挥各自的特性。

当然，如果愿意花钱去买好的玻璃酒杯，醴铎（RIEDEL）和肖特圣维莎（SCHOTT ZWIESEL）那样声名显赫的顶级葡萄酒杯公司出品的酒杯各式各样，个个都是精品。逃不脱的，好酒杯总是那么脆弱，一不小心，失手就能打碎，清洗的时候轻轻一碰，又能打碎一个。高级红酒杯又很难舍弃。笔者认为选红酒杯要选大一点、薄壁的，只要符合这两个条件，差不多也是可以的。说得再宽泛点，只要玻璃杯内侧能罩住鼻头，这种尺寸的玻璃杯在功能上就属于没有问题的。

往这种大玻璃杯里注入白葡萄酒或红葡萄酒，精致轻奢的氛围弥漫开来，浅尝一口，整个身心都舒爽起来。无法形容，香气聚拢的方式确实全然不同。鼻子也沉溺于这绵软的包围中。

和廉价劣质的酒杯相比，好酒杯的香气和口感有着天差地别。对于一些对红酒不排斥也不太热衷的人，好的酒杯的选用，可以在很大程度上改变他们对红酒的看法，从而赞美红酒："不错，红酒果然是好东西。"这种情景可是咱们红酒世界的人物们喜闻乐见的。

用玻璃杯罩住鼻子，轻合双目，用心体会各个品种的特性吧。

好的红酒杯让葡萄的特性更加辉耀

各种专用玻璃杯

储藏 CHAPTER 10

放在冰箱中储藏，饮用前取出

无论是红酒中的红葡萄酒还是白葡萄酒,都可以放入冰箱中储藏。对红酒比较讲究的人，可能会嫌冰箱储藏这种方式太冷、太干燥，会要求这、要求那的。其实，真的没什么关系，不用特别在意。

以上指的酒不包括高级红酒。嗯？什么是高级红酒？就是一万日元以上的长期成熟的红酒。到手这种宝物，丝毫不用犹豫，肯定会立刻买红酒专用储存柜进行储藏。

红酒专用储存柜虽不是装饰家具，但同样也有很多种类。如果家里空间局促，连四瓶、六瓶的红酒专用储存柜都放不下，也可以趁“这股东风”选择价格亲民的红酒专用迷你储存柜。

不是太高级的红酒，就没有必要去专门买红酒专用储存柜了，用冰箱的蔬菜保鲜室储藏，一点问题也没有。除去夏天的其他季节中，红酒不用专门去储藏。一般家庭喝的红酒，数量有限，这么储藏也是可以的。不过，红葡萄酒和白葡萄酒的美味温度不同，从冰箱中取出的时间有着区别，需要加以注意。

日常饮用的白葡萄酒品尝的正是它的简单、绵柔，所以冻得冰冰凉凉才好。这种酒直接从冰箱拿出来就喝更好。但是，也不能一概而论。香气浓郁、厚重，味道强烈的“好白葡萄酒（每瓶价格在五千日元以上的）”，就不适宜冻得透心凉，因为那样会抑制酒的香气和味道。这类酒，在饮用前要先自冰箱取出，置于桌上，等温度稍微回升后再饮更美味。

白葡萄酒这样，红葡萄酒又是什么情况呢？至今不是仍有人坚信“红酒常温饮”的坊间传言吗？

什么是常温？这概念模糊又宽泛。红酒原产地的法国气候凉爽，常温的说法也许没什么大的出入。但是，日本的夏天天气炎热，将红酒直接暴露在室温中，酒的温度就可以爬升到二十多摄氏度。虽说温暖对健康有益，但酒的味道遭到了破坏，不再美味。所以红酒也要好好地收到冰箱中保存，饮用前 10 分钟拿出来回温就可以了。刚买回的常温红酒，也要放到冰箱中冰个 30 分钟再喝。如果时间不允许，那就直接将红酒放入冰桶中，倒入冰水没身浸泡，转动瓶身，泡 1 分钟左右，差不多就达到饮用温度了。

以上都是本人的个人观点。如果不是酒店式专业红酒服务，仅仅是普通人家庭畅饮平价红酒的话，完全没必要对红酒温度进行管理。一句话：随意，自己感觉怎么好喝怎么来。

想迅速冰镇，可以在玻璃杯中放冰块；寒冷的日子，也可以加热。如果想喝得更清爽，还可以在白葡萄酒中对半加碳酸饮料，制成名为“Spritzer”的鸡尾酒，就是不错的选择。

从宏观世界来说，红酒本来就同T恤、牛仔服一样，都是休闲用品，本就不应该被各种条条框框所限制，喝酒的人凭着自身喜好乐享其中就够了。

红酒小知识：红酒打开后，如果塞好软木塞、盖上瓶盖，次日饮用，口感上不会有明显变化。如果有红酒储存器，喝完后，抽出空气保存，美味可保持三四天不变。

超过保存天数那就只能用于烹饪料理了，然后再去挑选新的红酒来搭配这红酒烹饪出的料理，岂不乐在其中？！

注意对温度的控制了吗？
嫌麻烦的话，也不用特别去在意温度

饮用时的温度控制指示表

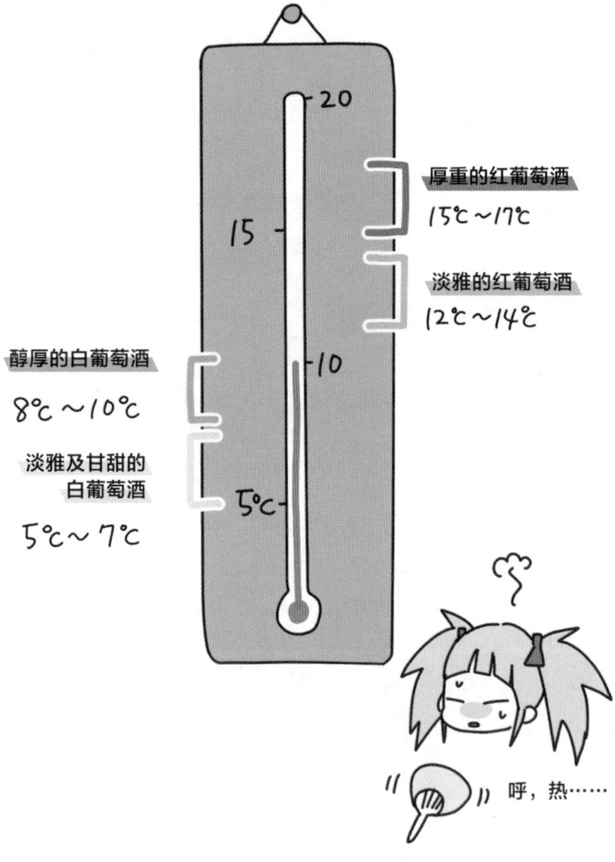

20
15
10
5℃

厚重的红葡萄酒
15℃～17℃

淡雅的红葡萄酒
12℃～14℃

醇厚的白葡萄酒
8℃～10℃

淡雅及甘甜的白葡萄酒
5℃～7℃

呼，热……

基于对“六大品种”的了解，
试着点酒。
捧出
您看这个
怎么样？
好
① 浅尝一口
② 闻闻香气
③ 看看软
木塞
嗯，是软
木的。
没有发霉、腐臭
没问题，就
这个，谢谢。
说这句标准台词
就 OK 了。
再稍微说上两句，就
能暖场了。
!
呀，这味道
真不错。
非常高兴您
能喜欢，这
个……

在餐厅点酒其实是很简单不过的事情。

不知道选什么的时候，你可以让餐厅工作人员推荐“和菜品搭配的红酒”，然后根据前面说过的“六大品种”，对比选择符合自己偏好的。如此这般就轻易解决点单问题了。

在更高档的酒店里点酒时，会有侍酒师恭敬地持酒前来，向您展示红酒标签，意思就是提示你“您点的就是这个，确认无误吧”。看过标签，轻轻点点头，侍酒师心领神会，会用娴熟的手法打开红酒。这时，他会往玻璃杯中倒入少许红酒，目光礼貌地锁住该宴主客，示意“请品尝”。主客收到暗示，下一步该如何做呢？他只需轻嗅香气，浅尝一口，回答：“可以，麻烦你，就这个了。”这种行为被称之为“宣示”。这“宣示”不是向在座人员炫耀自己敏锐的味觉，而仅仅是一种类似于仪式的定式行为，省去向在座客人解释“味道不错”，也不用再发出“干杯”等的邀请。

为什么说像是某种仪式呢？因为试饮的客人几乎都只会说这么一句：“可以，麻烦你，就这个了。”

偶尔也会出现味道不正的情况。软木塞生霉发出腐臭味，被称之为“瓶塞味”。简而言之，就是运气不好，倒霉碰上了问题酒。一百瓶中只会有一瓶的低概率，表明这种“瓶塞味”酒并不常出现。但新手碰到这种酒，是很难判别出来的。所以，一旦对酒的味道感到疑惑，觉得不太正，小心谨慎地问道：“请问，这酒是这样的吗？”也挺好。面对客人的疑惑，侍酒师会亲自品尝予以确认，绝对不会反口责问：“不就是这样的嘛！哪有什么奇怪味道！”如果确认不是“瓶塞味”，侍酒师会为客人解释原委；万一真的是碰上了“瓶塞味”酒，侍酒师定会郑重致歉，更换红酒。

笔者作为一名职业侍酒师，迄今为止，可以说开过成千上万瓶红酒，和“瓶塞味”酒还是“素未谋面”，自己没尝到过这类酒，也没见过谁碰到了“瓶塞味”酒。

这中间也许就有“瓶塞味”酒，因为“瓶塞味”程度的问题比较轻微，可能被我们“放跑了”。如果那“瓶塞味”重到令人紧锁眉头，我反倒会兴奋地大呼“幸运”！如果是私人购买的高级红酒有“瓶塞味”，那可真是掉坑里，亏大了。

讲到这里，我要提到一种现象：和侍酒师接触时，多数客人（为了掩盖自身红酒知识的缺乏）态度冷淡、防御姿态明显。这让一心想要用真诚推荐的红酒愉悦客人的侍酒师感觉是多么的失落。

简简单单的一句“谢谢”“味道不错”，就可以暖化冰冷的氛围。有句话说“投之以桃，报之以李”，客人稍稍多说两句，侍酒师也会很自然地谈论起推荐理由以及更高深的红酒知识来。

客人究竟喜不喜欢自己推荐的酒，侍酒师心里也是忐忑不安的。

打开心扉，侍酒师也会“诲人不倦”

佐餐

CHAPTER 12

哦，原来是一个人的“烤肉宴”。

搭配食物

除了甜甜的甜点红酒外，红酒本身就是一种搭配食物的饮品，被称为“美食伴侣”。

也有人说红酒和料理的美妙组合，就如同这世间的“婚姻”一般。当然这说法确实有欠妥当。在笔者看来，恰恰相反，红酒不是美食的搭配，美食才是红酒的搭配。如果说红酒是偶像剧主角，那主厨、餐厅经理就都是了不起的制片人。所以，简单以“婚姻”关系来形容红酒和美食，是不能令人信服的。

这么说，或许是笔者过于无知妄想了。但无论如何，对食物或者美酒来说，这两者如何搭配是非常重要的。绝妙的搭配会让美食和红酒的口味互为补充、交相辉映。

什么样的料理和什么样的红酒是天生一对呢？这种判断力的磨炼，需要丰富的对美食、美酒的人生阅历。这里有投机取巧的“三法则”，可以让我们抓住搭配的“本质”。

“三法则”到底是什么呢？

第一法则：颜色相配

只要红酒和美食的颜色能相配，就不会出现问题。

红葡萄酒配红肉、沙司；白葡萄酒配白肉、蔬菜和鱼类。这些都是基本常识。同样是红葡萄酒，单宁丰富的显茶色；同样是白葡萄酒，却又有长相思的印象“绿”。红酒和肉类的搭配细致而讲究，“哺乳动物肉配红葡萄酒”“鱼肉则配白葡萄酒”我们都熟知，可同样的烤鸡串，浇汁烤鸡串要配红葡萄酒，椒盐烤鸡串却要换白葡萄酒；同样的青花鱼，照烧的选用红葡萄酒相佐，椒盐的却选白葡萄酒相辅。

颜色只要大致合得上，也就过得去了。

第二法则：口味相配

举个例子，西拉这个品种的口味胡椒感非常强，和胡椒调味的肉类美食正好呼应。长相思这个品种带有葱味，也许就比较适合佐以同用葱调味的日本料理。

第三法则：相反口味搭配

奶酪腐臭味刺激的蓝芝士和果香醇厚的雷司令，口味迥异，对比强烈。它们的配合却堪称珠联璧合，这和蓝芝士比萨绝配蜂蜜的道理如出一辙。

小知识：风味刺激美食，如所谓的“酸酸美食”“超辣美食”，这些基本上和红酒是没法相合的，就别强求了，来瓶啤酒才是最搭的。

综上所述可以看出，只要遵从“颜色相配”“口味相配”“相反口味搭配”这三大基本原则，我们就可以选好红酒了，基本不会出什么大的意外。

搭配出了感觉，饮宴也会越来越有趣。在某个夜景如画的餐厅，亲自为清一色的美食挑选一款让美食更加熠熠生辉的红酒，无论这是一位什么样的宅男，此刻看上去，或许都高大得宛如魅力超凡的成功人士吧。当然，世事繁杂，也不尽然。

美妙的组合，让两者的魅力交相辉映

一路走来那么远……
呼……
哇，真学了不少了。
好了，我们稍事休息吧。
Appellation
不错
？
葡萄的品种？超市里卖的那些？
真不错，坚持到现在……
嗯……浓郁的霞多丽。
啥？香槟竟然是红酒？
不会吧！
握拳
基本知识你已经有了大致的了解，是时候向下个阶段迈进了。
呵呵
接下来……
越了解越有趣呢。
越了解红酒，越是感觉到乐趣所在。

迄今为止，你已经认识学园里的好几个葡萄品种了。
赤霞珠
霞多丽
除了他们之外，我们学园里还有很多有个性的品种。
所以呢
也就是说你要变成学生，和各品种的学生一起过学生生活。只有身临其境，才能了然于胸啊！
什么？学……学生？
弹指
砰——
变身！
呜哇！
这不是校服吗？我的西服呢？
嘚嘚
我正式的西装只有那一套啊！
哎？
消失不见
店员小姐？
吱——

这声音？难道是店员小姐？脑海中出现一个声音。
是我啊。
吱——
吱——
哼……
这是什么呀？长着张脸的软木塞。
咦？还发出声了？
哇，好迷你啊。
没事吧！
快到我的极限了。
这到底怎么回事儿？这么突然的……
我已经没有能量再维持人形了。
没事找事，多此一举。
为了把西装变成校服，可费了我不少能量。
我没事。
好了，现在出发。
其实，软木塞才是我真身。
哎呀，消耗比想象得还厉害。
欲速则不达
忍不住就想捏一捏

噔——噔！
从今天开始，开启你和各种类的葡萄朋友一起的高中求学生活。
走廊上保持安静
哎呀，这是去哪儿？
……

不是还穿着校服吗？没有问题的。
那么，接下来……
倒是挺合身。
真不错！
别异想天开，我早已是名上班族了。

嗯，就是这种气势！
既来之则安之。加油干干看吧。
好朋友。
这不会是漫画角色扮演游戏吧？
我想你肯定能和各种类的葡萄学生成为好朋友。
我可都是奔三的人了。

这位是新转来的葡萄品种，大家要多关照啊。

PART 2

旧世界

旧世界的葡萄酒

法国 · 意大利 · 西班牙 · 德国

复杂而纤细

法国

CHAPTER I

平均每喝两瓶红酒，其中有一瓶就是法国红酒

如果想一个品种一个品种地去了解特性，那么比起以欧洲为中心的旧世界，显然是欧洲之外的新世界的“单一”红酒更为适合。如果你的预算只有不到两千日元，又想“不醉不归”，比起旧世界的红酒，新世界的红酒显然是恰当之选。

可是，要想了解红酒真正的内涵、伟大之处，就离不开对法国红酒的研究。如同看过《新世纪福音战士》能掐准九十年代动漫脉搏一般，了解了法国红酒，就看懂了世界红酒。法国红酒内涵丰富，涵盖世界所有红酒的特征。法国红酒不仅仅有两大红酒必点品“波尔多”和“勃艮第”，从高档红酒到平价酒，都有大量酿制，说“世界其他国家出产的红酒只是对法国各地域红酒的模仿”也不算太过。

红酒历史悠久，可以追溯到公元前六世纪。几千几百年岁月的沧桑、生产者的汗水和血泪，所有这些眼不可见的积淀都凝聚在这一瓶红酒中。酒中自有世间百态。

法国红酒品种繁多，不胜枚举。遇到纯正地道的，来一口，沉醉在刹那间。仿佛是名门闺秀和学园学生不期然地擦肩而过，那曼妙的身姿、优雅的气质，令人沉醉。

略显笨拙的新世界的红酒不会让人产生如此遐想，饮一口，是“满满的果实味”，是“实实的酒精味”，或许这些正是你所追求的？正如俗语所说：“萝卜、白菜各有所爱。”各有各的魅力。

但是纯正的法国红酒系出名门，是绝对的“名门闺秀”，具有都市洗练的味道。这或许就源自法国人自身的这种特质，令人羡慕。

这也并非是笔者个人的感言，法国红酒在世界享有极高的声誉。

为了保持这份传统的味道，红酒界制定了严格的AOC（AOP）“红酒法律”，以维护正统。正是这些法律的严格执行，才有效地促进了红酒业健康有序的竞争与发展，逐步提升了红酒的品质。

法国红酒的魅力在于它复杂而纤细的口感及香味。

很多不熟悉红酒的人，在有幸品尝高级法国红酒后，无法感知它独特的魅力，会很不以为然地认为：“什么嘛，也不过就这样。”确实，认为高级红酒也就那样的人不在少数。

但是，随着人们对红酒认识的不断加深，随着品尝红酒的不断延续，大部分人最终还是不自觉地靠向了法国红酒。法国红酒中蕴含着深邃的精髓，这是单凭技术而无法衍生的。

对红酒的了解渐行渐深后，舌头的经验是不是也在不断丰富提升？是不是可以试试法国红酒了？

了解了法国红酒，就看懂了世界红酒

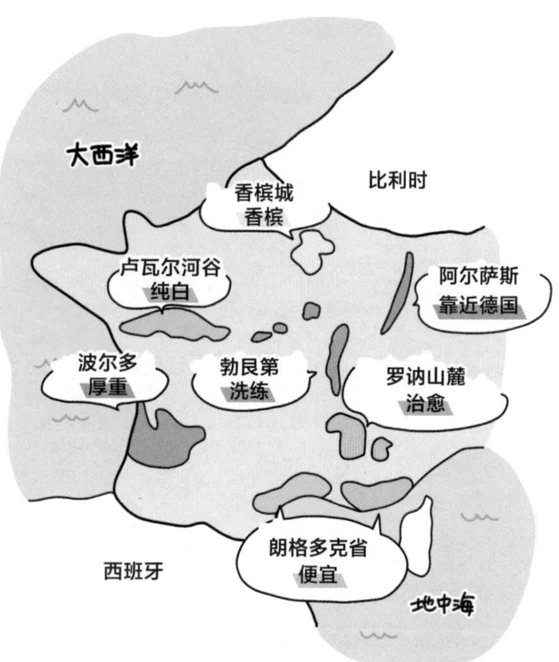

法国 波尔多产区

CHAPTER 2

厚重红葡萄酒的经典——波尔多

波尔多是地方名称，原意为“湖水之滨”。正如名字那样，波尔多河流四周分布着广阔的葡萄酒产地（靠近大湖，河运发达，方便出口）。红酒以此地为中心，辐射整个世界，成为蜚声世界的葡萄酒产区。有名到什么地步呢？就如同动漫“二次元偶像”中的主人公那样给人安定感。波尔多和勃艮第并称“葡萄酒双璧”。

波尔多红酒给人非常厚重的印象。醉醺醺得连腕上的劳力士都拨动不起来的富豪，在高级法式餐厅高声叫嚣点单：“什么都行，给我拿点厚重的红酒！”这时不出意外地，酒店一定推荐一万日元以上一瓶的波尔多红酒。

波尔多又被称为“红酒女王”，果如其名，女王风骨明显，单宁强劲，如同略显青涩的男人。波尔多的伟大，并不仅仅因为它男子般的厚重，还因为它具有超长熟成造就的复杂优雅的口感。

笔者不推荐廉价波尔多的理由正在于此。在商店里，不到五千日元，是很难买到长期熟成的绵柔好红酒的。

虽说以葡萄汁为美味的人可能觉得熟成没什么必要，但是一旦他有朝一日触摸到了熟成孕生的复杂的口味和香气及深藏的奥秘，就会萌发出“这才是红酒”的感叹，并深刻地改变自己的想法。直白地说，长期熟成时由幼稚到成熟的转化，萌生了复杂、成熟的口味。在这转化和时间的沉淀中，柔和了酒精感，酒的口感变得更为醇和。

波尔多红酒为什么独独能有这种长期熟成的厚重呢？

首先这得感谢波尔多得天独厚的气候。生长在波尔多独特气候下的赤霞珠单宁非常强劲。其次就是波尔多是红酒圣地，这里聚集着无数有着丰富的经验和技术的酿酒工匠，形成百家争鸣的局面。

无论各国红酒如何竞相模仿，都不能望其项背。波尔多在红酒世界中属于顶尖品牌，在红酒迷苛刻的等级排名中是老熟客。尤其是波尔多的梅多克地区级法定产区，又被分为1~5级名庄。这个等级划分，起源于巴黎世界博览会。当时的拿破仑三世出于让游客能轻易地区别红酒的好坏的考虑，让酒商们编制了一套红酒指南。这套等级制度很受追捧，甚至一直影响到现在。特别是号称“五大名庄”第一级的“拉菲庄园”“拉图庄园”“玛歌庄园”“木桐·罗斯柴尔德酒庄”“奥比良庄园”，所出红酒的价格简直令人咋舌！即便是现在，“五大名庄”的知名度在拥有几十万种红酒的红酒界，仍是傲视群雄。就如同获选了棒球大联盟最佳球员那样，见识了世上最知名的红酒，怕是“曾经沧海难为水”了。在喜庆的日子，喜中六合彩的日子，可以参照红酒等级，开一瓶高级红酒来庆祝。

这个等级区分始自1855年，已经有百年以上的历史。等级排名以红酒界公认的美誉度及市场交易价格的高低为标准，排名非常稳定，几乎就没变动过，中间只出现过一次修订。并不像现在的偶像节目的总决选，总是要定期淘汰更换新鲜血液（唯一的那一次变动，就是木桐罗斯柴尔德酒庄升级成为五大名庄之一）。

这些排名靠前的酒庄都是老牌酒庄，历史源远流长，其红酒价格不菲，味道不可能差，但是味道是否匹配上价格就不得而知了。不，这也许就是一瓶值得如此盛赞的伟大红酒。那些小小的不确定性不也正是红酒魅力之一吗?

无论如何，等级低下的酒庄出产的红酒不可能比等级高的酒庄出产的红酒味道更好、价格更高。所以我们不用太在意，无漏可捡。这类波尔多红酒处于等级排名及价格的最高端，在高级红酒销售点、超市甚至住所附近的小酒店都可能看到它们的身影。

有时候，我们可以看到有些叫“某某酒庄”的酒。这类酒大部分都是波尔多红酒。CHATEAU 原意是“城”，指的是酿酒厂，原旨在表明制造产地，也无从得知原来是否有标榜、尊大的意图在其中。现在公然在红酒标签上以“某某酒庄”命名，宣示自己是高级红酒，可笑至极。

伟大的红葡萄酒
出自伟大的葡萄品种

波尔多产红酒

CHÂTEAU-DOKOSOKO
GRAND VIN
1970
TONIKAKU SUGOI OISHI
名称　波尔多　控制

梅多克产红酒

CHÂTEAU-ASOKORAHEN
GRAND VIN
1982
Kusehinal
名称　梅多克　控制

梅多克地区级法定产区
波尔多风味

加仑河

波美侯地区级
法定产区
颗粒整齐、均匀

圣埃美隆地区级
法定产区
以梅洛为主

格拉芙地区级
法定产区
淡雅

索泰尔讷地区级
法定产区
甘甜

加仑河和多尔多涅河
交汇处
更为淡雅

法国波尔多产区

主要品种

被称为“波尔多经典”的
黄金组合。

赤霞珠

红葡萄

擅长一切科目的学霸。单宁层次丰富的红酒之王。

梅洛

红葡萄

洒脱大方的姐姐。涩感和酸度较低，柔顺、口感圆润。

品丽珠

红葡萄

品丽珠，大家的好帮手。其他品种和品丽珠混合，也立刻“高大上”起来。

赛美蓉

白葡萄

令人忍不住要保护的天然呆萌女孩。口感柔和、顺滑，酸味适中。

人物重新介绍
你不来吗？
哎呀，来吧。
波尔多红葡萄酒三人组。
真正的学霸赤霞珠
我是新来的转校生。
点点头
低调纤细的名门闺秀品丽珠
美丽大方的梅洛
有什么问题请尽管问我，不要客气。
太谢谢了。
意大利
美国
智利
超人气组合，一直处于红酒界中被仰望的地位。
请多多关照。

赤霞珠是非常受人欢迎的英雄般的存在。非常值得信赖的学生会主席。
我也有事要拜托你。
桑娇维塞
马尔贝克
西拉
赤霞珠，社团活动就麻烦你了。
我们这边也要麻烦你了。这次的大会……
转身
转身
团体竞技项目（混合项目）
无论何时都有强大的气场，出类拔萃。
不是门外汉嘛！
浑蛋，这是什么样的强援！
向
前
个人竞技项目（手到擒来）
噢，遥遥领先。
冲
帅气十足
想品尝红葡萄酒的美味，首先浮现脑海中的必是赤霞珠。
哦，转校生也来了！不错！
不，不，我是来加油的。
了不起……
貌似完美又高不可攀的他，实际很容易被看透，也很友善。

单宁丰富，感觉拥有强大的力量。
真英雄的感觉。
尖叫声
尖叫声
好疼啊。
加油，就给你了。
对了。
紧紧握手
哈哈
你住哪儿？
哇
哟哟，朋友？
哇
!?
现在回家？
赤霞珠同学？
怎么如此平易近人。
是啊。
转学生！
再见
可真能吃啊。
生长的土地有差异，品性也会发生变化。这是赤霞珠这种品种的特性。
介绍下。
我表哥，之前一直住在国外，特啰唆。
这是我们摘的蔬菜，青椒、薄荷之类的给你。
啊，这个送你。

感觉稳重、成熟。
所以才叫赤霞珠这个名字。
确实如此。告诉你，他是品丽珠和长相思自然交配所育。
吓我一跳。
呀——
赤霞珠同学无论去哪里都很是彬彬有礼。
恐怖
特征是饮后余韵悠长。
惊讶
天，那家伙还在那儿!

托您福，还可以。
气场强大，但不强势。
早上好。学校生活还习惯吗?
嗨，转校生。
好多人
又被叫了。
赤霞珠的好搭档。
谢谢。
笔记帮你写好了。
她叫梅洛。女性感强烈的品种。
她是……

啊，转校生。
吓我一跳。
对不起。
啊？
啊
梅洛同学。
那是……
咦？
这感觉就像母亲给我的安心感。
真的好香。
梅洛有山林泥土的芬芳。
铲
铲
用铲子干活呢。
哦，你说这个？我在制作栽培用的腐土。
挺香的吧。
谢谢。
我来帮个手吧。
梅洛平时很能自控，一旦一个人，又会非常有主张。
收拾收拾，该回去了。
梅洛总是为别人着想。其实，她是个非常自律、有想法的人。
口感醇和、圆润。
OK，就这样的。
不喜欢红酒的人对酸味和单宁很抗拒。梅洛的酸味和单宁控制得很好，充满梅子的果味。

你好。
哇！
抢走
吓了一跳
看到她能帮我带个话吗？
OK
我要还她书。
看到品丽珠了没有？
张望
对不起，明天……
不由得挺直腰背。
还有一股明显的酸味。
味道淡雅却复杂丰富。
赤霞珠同学，你这本图书馆的书到期了。
好的。下次再带点别的来。
存在感薄弱。
这位就是品丽珠。品丽珠在红酒界被广泛使用。
有趣吗？喜欢就好。
真的？那谢谢了。
这个你看吗？
请。
罪与罚
可惜，这对我来说有点难度。
哇，真了不起啊。
连所有书本的借出状态都了解得一清二楚。
因为我是学生会会员。
深藏不露的高手亮招。
这家伙掌控图书馆所有的书。

仔细看也是美人一个。
哎呀
对吧？
原来你是这样的家伙。
我不是那个意思。
别看品丽珠平时那么低调，她在这个三人组中的地位可不是可有可无的。
她是负责协调的重要角色。
味道成熟，混合一些强力品种，就会显出高雅和知性。
原来如此。梅洛同学很厉害！嗯？
急急
等一下，我明白了。
忙忙
是的是的。
品饮波尔多红酒时，如果了解哪些品种经常用来配酒，不是很有趣吗？
是啊，品丽珠就是这样的一个人。不同产地的单一品丽珠能发挥出不同的主角特点。
圣埃美隆产区手工艺社团所属
品丽珠具有树莓和青椒的强烈香气。
卢瓦尔河谷围棋社团所属

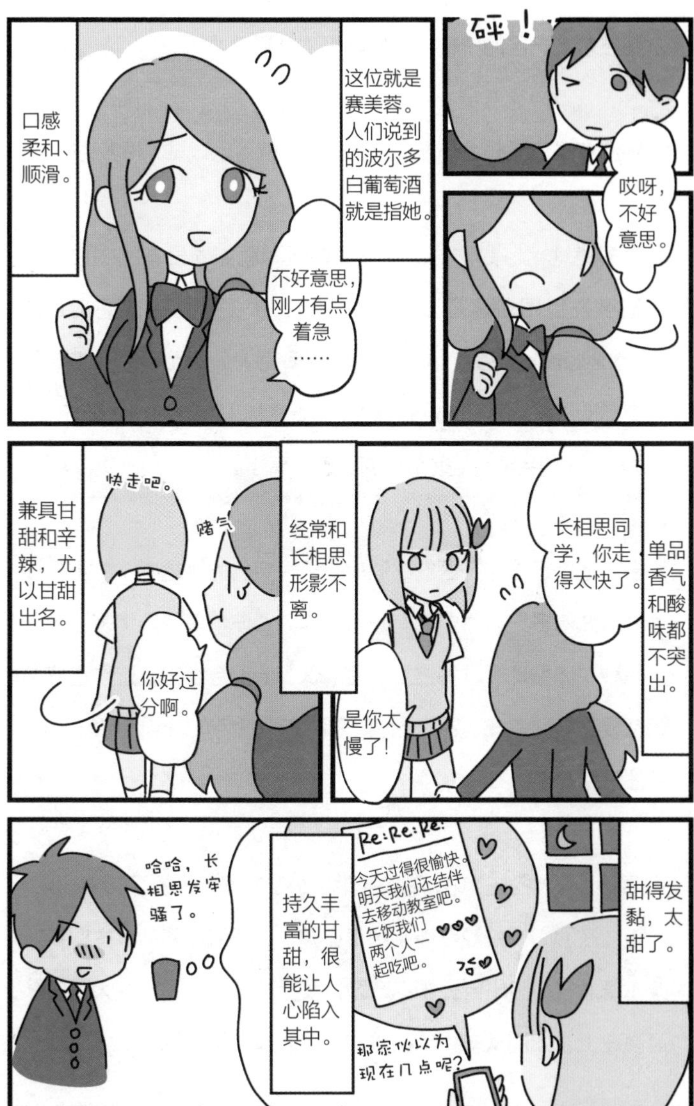
口感柔和、顺滑。
这位就是赛美蓉。人们说到的波尔多白葡萄酒就是指她。
不好意思，刚才有点着急……
砰！
哎呀，不好意思。
兼具甘甜和辛辣，尤以甘甜出名。
快走吧。
赌气
你好过分啊。
经常和长相思形影不离。
长相思同学，你走得太快了。
是你太慢了！
单品香气和酸味都不突出。
哈哈，长相思发牢骚了。
持久丰富的甘甜，很能让人心陷入其中。
Re:Re:Re:
今天过得很愉快。明天我们还结伴去移动教室吧。午饭我们两个人一起吃吧。
那家伙以为现在几点呢？
甜得发黏，太甜了。

法国波尔多产区的“梅多克地区级法定产区 ”

如果波尔多红酒颇合你意，那么接着你就可以试试“梅多克”了。

“梅多克地区”是法国波尔多的辖区，就如同日本的中央区、新宿区及世田谷区是东京都的辖区。根据产区限定的规定，“Appellation（名称） Medoc（梅多克）Contrôlée（控制）”这个标的红酒当然要比“Appellation(名称)Bordeaux(波尔多)Contrôlée（控制）”这个标的红酒更高档。

梅多克地区级法定产区的红酒具有更为突出的厚重感，甚至被称为“真波尔多”。梅多克有被亲切称为“波尔多经典代表”的三大品种“赤霞珠”“梅洛”“品丽珠”的混合红酒，这是连侍酒师都要称赞的美味（是的，你对红葡萄酒已经有相当的了解了），品质非常稳定。

葡萄酒“五大名庄”中，梅多克地区级法定产区占据了其中四席，“拉图庄园”“拉菲罗斯柴尔德庄园”“玛歌庄园”“木桐罗斯柴尔德酒庄”皆出自梅多克产区，很受欢迎。可是“五大名庄”高高在上，如同汽车中的法拉利、保时捷，“豪气、霸气”，一般百姓只能望而兴叹，感叹“可望而不可即也”。

撇开“五大名庄”的红酒不想，其实也有些好喝的红酒，从经济上来说有一些还是能负担起的。其中一种就是村庄级红酒。梅多克地区有多个有名的村庄，能在红酒标签上堂堂地把村名标上去的有以下六个：

◆ 圣爱斯泰夫村 ◆ 波雅克村 ◆ 圣朱利安村 ◆ 玛歌村
◆ 里斯特哈克村 ◆ 慕里斯村

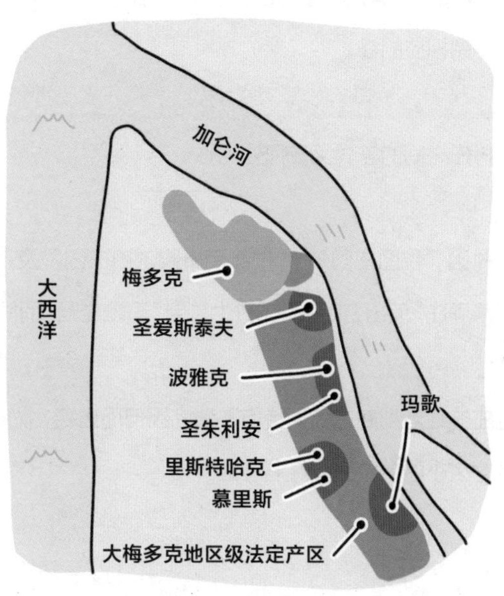

这几个村，无论哪个村出的红酒都是上等品，譬如说红酒标签上写着“Appellation（名称）Pauillac（波雅克）Contrôlée（控制）”的红酒，每瓶价格都不会低于五千日元。如果拿这种级别的红酒作为馈赠礼品，立马就会收到“哇，这么高档的红酒”的惊叹反馈。馈赠者一面大方地回应“哪里哪里，不是什么大不了的东西”，一面其实在心里沾沾自喜呢。

这几个村庄的红酒虽然比不上声名显赫的“五大名庄”红酒，但也绝对是名门优品，与其继续挫败地购买廉价酒，倒不如购买这种性价比高的酒。笔者一直主张：一分价格一分货，要想喝美酒，就得舍得掏相应的钱。

这几个村庄之间的差异又在何处呢？

波雅克村因“拉图庄园”“拉菲罗斯柴尔德庄园”及“木桐罗斯柴尔德酒庄”而出名，而玛歌村也是因“玛歌庄园”而闻名遐迩。

这些村庄的红酒到底有什么特点？到底因何而出名，为什么值得用村级这么小的单位区分红酒产地？

当被问及“味道有何不同”时，得到的答案竟然是否定的，竟然是“没有区别”。

也是，无论对红酒多么吹毛求疵的大富豪，也不会说出“今晚不适宜喝圣朱利安红酒，来瓶圣爱斯泰夫更衬今晚气氛”这种话吧。如果真的连村级红酒都有差别，那也不应该是土壤（葡萄）带来的差别，而应该是酿酒师手法（酿酒厂）不同产生的。有人点酒时会说：“我想喝拉图庄园的红酒。”但绝不会选择点“波雅克红酒”。

在梅多克地区级法定产区的南部，除去这六大村庄以外的地方又被称为“大梅多克” 地区级法定产区。六大村庄固然有名，但是“大梅多克” 地区级法定产区也不可小觑。可实际上，小觑“大梅多克”产区的人亦不在少数。

小提示：辨别波尔多红酒美味最简单直白的方法就是直接将价格和美味挂钩，越贵越美味。

笔者因为想要知道赤霞珠加梅洛加品丽珠三大品牌葡萄组合的真正震撼感觉，特意购入村庄级别的红酒来好好品鉴了一番。笔者愿与大家分享红酒珍藏小知识：喝波尔多红酒必选红葡萄酒。笔者个人虽然不太喜欢白葡萄酒，但玛歌酒庄的“玛歌白亭”白葡萄酒，味道绝美。当然价格也适合。

法国波尔多产区的“圣埃米利翁地区级法定产区”

如果你喜欢梅洛，那不妨试试“圣埃米利翁”。

圣埃米利翁地区级法定产区主产梅洛红酒。该产区有严格的等级区分，冠名“特等酒庄”的，等级较高；冠名“一级特等酒庄”的，等级则更高一筹。“白马酒庄”和“奥松酒庄”两大庄园位于该等级金字塔塔尖，这两个庄园出产的酒价格昂贵，一瓶酒的价格都可以买台电脑了。

这也姑且忽视吧，跟我们也没太大关系。笔者印象较深的是“圣埃米利翁”地区级法定产区产有价格在两千到三千日元左右的非常美味的梅洛红酒。在迷恋梅洛的日子里，就可跑到街边小店畅饮。有的还掺入了品丽珠，更引出了梅洛的丰富口感。想喝好喝的梅洛，笔者推荐“圣埃米利翁”产区的红酒，价格划算，出手没什么负担。

另外，“圣埃米利翁”地区级法定产区的等级评选每十年一次，所以相比而言，说不定比梅多克产区的红酒更值得信赖。

法国波尔多产区的“索泰尔讷地区级法定产区”

想要寻找刺激的夜晚，“索泰尔讷”让你肋下生双翼。

“索泰尔讷”，高级甘甜白葡萄酒。除此之外，笔者找不到其他语言来加以描述。

两条河流汇合于此，因着这两条河流水温的差异，产生了大量的雾气。雾气滋生了灰葡萄孢菌，这种霉菌夺走了葡萄的水分。如此一来，糖分迅速凝聚，呈现“贵腐”状态。用这种“贵腐”葡萄酿出的甘甜白葡萄酒，被称为“贵腐酒”，珍贵异常，和德国的“约翰山古堡”以及匈牙利的“托卡伊”并称为世界三大顶级“贵腐酒”。“贵腐酒”，这个名字起得非常好。“贵腐”，形象生动，有意思。

饮一口，情色诱人，感官上完全充溢着熟女的芬芳。酒过咽喉，不再单纯。没有直白的味道，是款让人感触良多的好酒。

法国波尔多产区的“波美侯地区级法定产区”

美好奢侈的波美侯地区级法定产区地域狭小，富铁的独特土壤，造就了能量强劲的红酒。

因为地域狭小，所以庄园的数量相对也比较少，但“个个是精品”，任何一个庄园都有很高的等级，这里的葡萄颗粒均匀齐整。

帕图斯和里鹏两个庄园最为有名，驰名海内外，堪称世界顶级庄园。其价格，根本不是我们所能奢想的。帕图斯应该陈列在玻璃展柜中，我们只能如同欣赏美术作品一样，远远瞻仰。

正月和盂兰盆节的时候，如同大人给买了全套漫画书一样，心情激昂时，买瓶波美侯，更是爽歪歪。当然，没必要去买那种顶级庄园的红酒。

波美侯产区还产有价格在三千日元左右的平价酒，笔者没喝过，也不想尝试（笔者私下认为：好不容易喝到波美侯，怎么也得喝点好的），所以也没法详细介绍了。不好意思，看来我这个侍酒师做得不称职。

法国波尔多产区的“格拉芙地区级法定产区”

“格拉芙”，波尔多的特选白葡萄酒。

“格拉芙地区级法定产区”中的“格拉芙”原意为“沙砾”，沙砾粗粝的土地，有着良好的排水性能，葡萄味道清爽，盛产白葡萄酒。

如果某天你在酒吧或什么地方对店主说“我偏爱格拉芙白葡萄酒”或者“就爱它的得天独厚的矿物质气息（沙砾）”，店主说不定会把你当成个中行家，称赞你“特意点格拉芙白葡萄酒，定是个红酒发烧友”，内心也绝不会认为你是在装虚卖弄。

波尔多产区中的格拉芙地区级法定产区就地位来说显然无法和梅多克等相比，重要度要差多了。可实际上，格拉芙产区有着神奇的土地，所产葡萄酒的“淡雅”，给笔者和一些红酒爱好者留下了非常深刻的第一印象。

在格拉芙产区，有大家公认并推崇的八大名村。

是不是想到了推理小说《八墓村》了？这八个村庄总称为“佩萨克－雷奥良”。五大名庄之一的红葡萄酒名庄——“奥比良庄园”就是出自“佩萨克－雷奥良”。名庄的等级原本是为梅多克地区量身定制的，“奥比良庄园”却出人意料地“杀出”，在仅有的五个一级名庄中，抢占了“一席之地”。

据说这个奇迹的发生其实是有段故事的。拿破仑战争时代，法国最终战败，法国外交部部长在战后重新划分欧洲政治地图的“维也纳会议”上，用美味可口的法国料理和奥比良红酒宴请了参会的各国政要。这个宣传造势效果出奇的好，据说政要们感叹红酒和美食的精良，产生了“出产绝美红酒的国家，不应被推倒”的想法，法国人达到了自己的目的。奥比良红酒作为拯救国家于危难之中的外交红酒，一时声名大噪，这也是它得以入选五大名庄的重要原因。也许奥比良红酒与社交宴请非常有渊源吧。在人生最重要、辉煌的时刻，用奥比良红酒来招待你的贵宾们如何？

CHAPTER 3

法国 勃艮第产区

随着经验的不断积累上升，接下来试试勃艮第吧如同熊本县的熊本熊和千叶县船桥市的梨妖是日本最受欢迎的两大吉祥物一样，毋庸置疑，法国的波尔多和勃艮第产区是世界最著名且最受欢迎的两大红酒产地。

在遥远的罗马时代，修道院的僧侣们已经开始开垦土地，所有优良的葡萄园区、能出产伟大红酒的葡萄园全部都掌握在修道院手中。

听到修道院负责红酒的酿酒工作，你肯定会有苦修的僧侣们酿不出令人愉悦的美酒的意识。其实不然，勃艮第红酒很少有果实感丰沛的“简单美味”，多是“舌头经验丰富才能品得出的复杂美味”。

另外，勃艮第红酒真正是良莠不齐，品质反差特别强烈。

和波尔多产区相比，勃艮第的生产者所有的园区更为狭窄，普通品质的红酒占据着相当的比重。勃艮第产区所产红酒全部冠名“勃艮第”加以销售，上等红酒中不可避免地混杂了粗劣廉价的红酒。坦白说，便宜的勃艮第红酒大都不太美味。想从一两千日元的红酒中淘到宝，那就要看你有没有一双“火眼金睛”了。尤其对于笔者这样的黑皮诺追捧者来说，是绝对不会无知到对便宜的勃艮第红酒出手，然后对黑皮诺失望透顶的。

最开始品尝勃艮第时，建议购入五千日元以上的上品红酒，只有了解真正黑皮诺的魅力所在，你才能充分感悟到为什么勃艮第这方土地是这么伟大。

有时候，酒是好酒，但是品酒的人还没习惯品饮红酒，很难捕捉到其中的魅力，只有等“舌头成熟”了，才能乐在其中。不过，这也是相辅相成的，如果先适应、懂得勃艮第的美妙之处，舌头自然也就成熟了。

勃艮第红酒的最大魅力首先在于其“香气”。品酒者不仅仅沉醉于其本源的香气，更是迷恋其随着时间推移无法剥离的复杂香气的变化。夸张点说，每一口都有些微的变化。

而带来这种纤细感的，正是勃艮第的精良的种植土地。勃艮第培育葡萄的土地，在物理空间上是狭窄的，精良的土地个性十分张扬，即使是近在咫尺的相邻园区，味道也天差地别。有鉴于此，AOC（AOP）的区域限定标签也步步缩小，由地方名→产区名→村名，竟然进一步具体分化到园区名。

总结一下，就是说在勃艮第，标签产地限定细化到园区的为最高等级。园区即使小到只有校园那么大，其张扬的个性也被红酒界认可了。

勃艮第的酿酒厂称为酒庄。在勃艮第，酒庄分为两种。一种是以园区自家种植收获的葡萄为原料的小型酿酒厂——“酒侯”和以收购来的葡萄为原料的大型酿酒厂——“实业酒家”。通常的“酒侯”产出的红酒，其土地特性明显；而“实业酒家”产出的红酒品质相对要稳定一些。两者相比较，“酒侯”更受欢迎，价格也是随行就市。购买时可以参考以上信息。

品味迥然不同的风土（土地的个性）

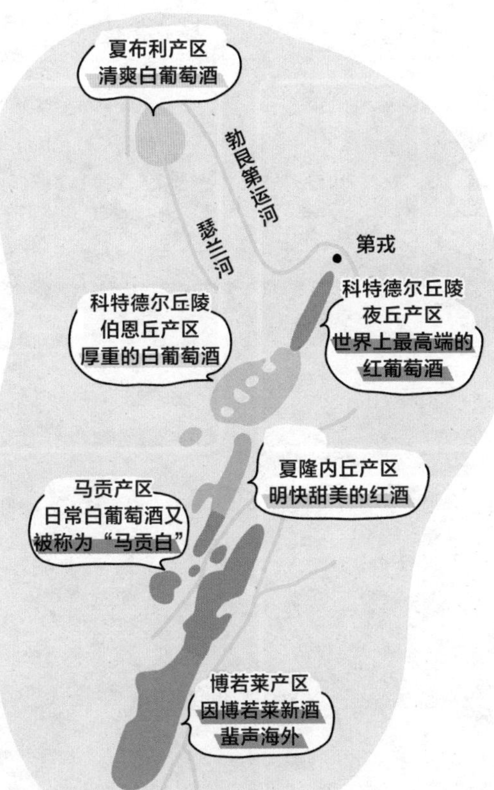

法国勃艮第产区

主要品种

有爱心，大家心中的女神。因产地及酿造方法的不同，口味会发生很大变化。

有让人难以亲近的气质及美貌。玫瑰醇香，口感充满红色水果的风味。

天真烂漫的小姑娘。博若莱产区甜美的草莓香气，非常适合新鲜饮用。

校园文化节

热热
闹闹
哦。
好热闹。

校园青春美少女总决赛趋于白热化！
决胜就在这余下的两位之间。

烈火红焰、孤高冷傲、魅力让人无法自拔的黑皮诺！
谢谢，感谢大家一直以来的支持。
纯洁无瑕的校园女神霞多丽！
气氛太热烈了，能不能稍稍安静点？
啊啊啊，霞多丽小姐！霞多丽小姐！
哦哦哦哦哦

啊！
热情高涨！
店员小姐，你没事吧？
霞多丽命

哎，呀呀呀
店员小姐！

其他葡萄品种
没我们什么事啊，没有出场机会。
勃艮第的红酒多为单一葡萄品种酒，而黑皮诺和霞多丽就占了绝大部分。
其他品种没有出场机会。
哇，好棒！不愧是黑皮诺。
哦哦哦哦
多么美妙动人的歌声。
这两人的人气太旺了。
呼
红酒界是我的葬身之地！
别开这种玩笑了。
变回来
哦哦哦
黑皮诺女神
啊啊啊
大家欢迎黑皮诺为我们演唱“讨厌就是讨厌”。
黑皮诺对气候和土壤要求严苛，非常难以培育。
她的拿手歌曲！
哦哦哦哦
红葡萄黑皮诺，孤高冷傲。
下面由我献唱。
真正高贵的黑皮诺因非常稀少，价格昂贵。
开口了！
拿出看家本领的大神级黑皮诺。
黑皮诺状态千差万别，有高贵的黑皮诺，也有不在状态的黑皮诺。
貌似跑调了？
咋回事？
叽叽喳喳

擦肩
嘭
了不起啊。
掌声
以上是黑皮诺同学的献唱。
哇哦哦哦
黑皮诺给人的第一印象是涩味、果实味柔弱纤细但偏酸。
啪
一股香味
山莓、紫花地丁、鞣熟的皮革、松露香草……丰富的香气！
哎，东西掉了。
怯生生
谢谢，当礼物送你了。
微笑
余韵悠长，隐隐残留玫瑰的香气。
起风
哦……
啪
东西掉了。
你东西掉了。

霞多丽和黑皮诺性格正好相反，霞多丽天真活泼，什么环境下都“自来熟”。
大家准备好了吗？
最后，有请霞多丽演唱“嗖嗖白色”。有请！
白葡萄霞多丽，招人喜欢，人气很旺。
O—K—!!

美术部！
啊
啊
啊
啊
啊
呜哇呜哇
回家部！
有！
学生会！
我要点名喽！首先是……
有——！

掌声
啪啪
哗啦啦
掌声
稍等片刻，即将发布最终结果。
是霞多丽同学。谢谢。
压倒性的痴迷。
掌声
掌声

霞多丽在哪儿都一样强。
这孩子太棒了。

干净
在清凉的勃艮第，夏布利白葡萄酒占据了举足轻重的地位。
3班
利落
任何场合都很活跃的霞多丽同学。
我来了。不好意思，来迟了，没赶上出摊。
3班
辛苦了。
辛苦了。
使用的酒桶和发酵方法的不同，让霞多丽有了洋梨、苹果、黄油、香草、坚果、蜂蜜等不同的风味。
欢迎欢迎，冰激凌浇头配果免费哦。
3班
刨冰
浇头配果:
坚果
黄油
欢迎光临
3班
洋梨子
苹果
香草
蜂蜜
刚才的女孩
开朗明快、和蔼可亲，却又聪明睿智，备受爱慕。
谢谢。
大家现在可以看出霞多丽深受世界上的红酒爱好者爱慕的原因了吧。
冰冰凉凉
纯洁如冰的少女
糖汁全部为手工制作，冰块全部来自冰屋。
3班
原料用刨冰器细细刨出，口感适宜，不会引发头疼的哦。

好疼。
对不起，小姑娘，没事吧？
咦？小朋友？
砰
哎呀！
我们也去凑凑热闹吧。
美少女总决选的结果马上发表了。快去看看。
走，赶紧的。
这可不行啊，不能出来，你不是还没解禁嘛。
草莓甜风味，稍稍有点调皮任性的小一辈年轻女孩。
嗯？就偷偷放会儿风不行吗？这么小气！
!?
过分
这小家伙就是勃艮第的葡萄品种佳美。
哼！真失礼。别把我当小孩。
特意跑过来看结果的，竟然……
冠军
啊
这小姑娘名气也不小，“博若莱新酒”全部使用佳美这种单一品种酿制的。
完了，结果好像已经宣布过了。
糟糕！忘了看结果发布了。
决选到此结束，感谢大家。
博若莱就是指这孩子吧。
不要！我还要说，我想吃棉花糖！

法国勃艮第产区的“夏布利地区级法定产区”

挑选夏布利，一定要选一级园等级以上的。

夏布利有着世界第一的规模，是典型的辛辣白葡萄酒代表。一般来说，万人迷的夏布利味道应该较稳定，但事实并非如此。概括来说，夏布利酒种类繁多，味道反差极大。如果你以为只要夏布利就行，那就大错特错了，喝错了酒，你会失望地疑惑：“这玩意儿就是夏布利？”

选夏布利请先看标签。最上等的夏布利，标签上标有“特级园”字样；其次是标有“一级园”的；再其次就是普通的标着“夏布利”的红酒；处于等级最下端的在标签上标有“娇小夏布利”字样。“娇小”二字，用得很艺术，似乎夏布利的柔弱娇嫩形象跃然出现于脑海中，氛围甜美。然而，味道全然不是那么回事。

笔者私人推荐，喝夏布利要喝一级园的，与其选普通夏布利，还不如挑选其他辛辣的白葡萄酒，更能享受其中。有人会说“一级园”太贵了。是的，当然贵。夏布利价格昂贵才正常，要是便宜了，反而会有问题。

夏布利中的霞多丽是光芒万丈的白葡萄舞台上最闪耀的巨星。所以，千万不要轻易地说“先来瓶夏布利”这类话。

据说，夏布利和牡蛎是天生的一对。法国的牡蛎和日本的牡蛎略有不同，用夏布利来配日本牡蛎，腥味难除。夏布利尽量还是搭配简单的食物，它非常适合搭配用椒盐、柠檬、橄榄油等调味的白汁白鱼肉。

法国勃艮第产区的“夜丘地区级法定产区”

喜欢黑皮诺的话，不妨试试“夜丘”。

这里是红酒最高端的产地之一。

勃艮第产区的“夜丘”和伯恩丘产区合在一起，被誉为“黄金之丘”，法文为 Côte-d'Or 。Côte 就是山丘，d'Or 指的是黄金的意思，合起来就是黄金之丘的意思。该地区盛产多种世界顶级红酒品牌。黄金之丘不但有“阳光普照，金色洒满山丘”之意，据说因其经济价值，从很久以前还有另一种“贵如黄金”的含义。

法国勃艮第产区（夜丘地区级法定产区）

74号国道

马沙丘村级法定产区
被称为火红辛辣的玫瑰
“马沙桃红”颇受欢迎。

菲克桑村级法定产区
基本是黑皮诺红葡萄，
早熟。

热夫雷－香贝丹村级法定产区
是地区级法定产区中
最大的村庄级产区。
有特级园9个。
红酒卖场的常客。

莫雷－圣丹尼村级法定产区
位于热夫雷－香贝丹村级法
定产区和香波－慕西尼村
级法定产区之间，兼具两家
之长。

伏旧村级法定产区
大名鼎鼎的伏旧园区土地
分属70人所有。
分属这么多家，
品质自然千差万别。

香波－慕西尼村级法定产区
透明纯净的艳红。

沃恩－罗曼尼村级法定产区
得到神赐福的村庄。
世界上最高贵珍稀的红酒
“罗曼尼·康帝”就产自这里。

夜桑娇维塞村级法定产区
酒风浓郁、味道芳香醇和。

这里是培育世界顶级黑皮诺的产地，独特的风土淋漓尽致地发挥出了黑皮诺小园区的飞扬个性，孕育着黑皮诺的芳醇香气，赋予黑皮诺可耐长期熟成的特性。

笔者认为一个人不知要有多大的运气，才能有机会品尝到拉塔希或李奇堡，才能感受到品饮液体黄金的心情。夜丘产区中也有几个有名的村级小产区，所产红酒都极其珍稀，在日本泡沫经济时就已经非常流行。多数价格虽高，但是确实可称得上是伟大而神奇的红酒。

法国勃艮第地区的“伯恩丘地区级法定产区”

伯恩丘产区淘宝：

至尊白葡萄酒蒙哈榭广为大家所知，而生产蒙哈榭的蒙哈榭村就在伯恩丘产区。蒙哈榭所使用的白葡萄品种和夏布利一样，都是霞多丽。和辛辣明快的夏布利相比，蒙哈榭酒香更为馥郁，橡木桶和水果的香气浓烈，味道深厚。

夏布利终究还是逃不脱被归属于搭配美食的酒类，而蒙哈榭却已

法国勃艮第产区（伯恩丘地区级法定产区）

拉杜瓦塞尔里尼村级法定产区
拉杜瓦名气不显，
高品质红酒价格也不虚高，
有淘宝捡漏机会。

佩南－维哲雷斯村级法定产区
寂寞无名的村级法定产区，该产区红酒性价比非常高。推荐！

阿罗斯高登村级法定产区
高登查理曼特级葡萄园的
白葡萄酒非常有名。

萨维尼村级法定产区
柔顺细腻、和果实的
口感相得益彰的
上品红葡萄酒。

伯恩村级法定产区
黄金之丘最大的村级产区。

•伯恩

玻玛村级法定产区
只产黑皮诺
红葡萄酒。

沃尔内村级法定产区
复杂纤细优雅的红酒，
被誉为勃艮第红酒中
最“女性化”的红酒。

梅索村级法定产区
矿物质感丰润圆满的
白葡萄酒。

圣欧班村级法定产区
与蒙哈榭村相邻，
虽然也产高品质的
白葡萄酒，毕竟稍逊一筹，
价格也上不去。

蒙哈榭村级法定产区
同夏布利相比，
蒙哈榭白葡萄酒的酒香更为馥郁。
蒙哈榭实际分为普里尼－蒙哈榭和
夏山－蒙哈榭两个村子，
味道有些微区别。

松特内村级法定产区
主产黑皮诺
红葡萄酒。
其中以“格拉维埃”
最为有名。

74号国道

然超脱。品尝蒙哈榭红酒的时候，建议先稍稍加温。

伯恩丘产区的村级法定产区虽然数量众多，但除了蒙哈榭外，其他村级产区也不用特意去了解，知道名字，听其名能反应过来是伯恩丘产区的就足够了。足以让对红酒不熟悉的人敬佩：“地理知识太丰富了。”

法国勃艮第产区的“博若莱地区级法定产区”

喝红酒的日本人对博若莱新酒太熟悉了，喝博若莱酒一定要尝尝新酒以外的红酒。

应该没有人没听过博若莱新酒的大名。博若莱新酒正如其名，是博若莱新酿制的红酒。每年十一月的第三个星期四是博若莱新酒的解禁日。可能因为博若莱新酒的口味更符合日本人的偏好，再加上国际日期变更线因素，日本可能是最早喝到博若莱新酒的国家，所以博若莱新酒节就在日本流传了下来。

日本人对博若莱新酒可谓是了如指掌，甚至可以说博若莱产地是日本人心目中最有名的葡萄酒产地。

博若莱新酒采用佳美酿制而成，是勃艮第珍贵的节日休闲红酒。

博若莱新酒酒感强劲，可能多数人不大习惯，认为不好喝。

确实，新酒在酿造时不同于其他红酒，不用碾碎的葡萄而是用整串葡萄放入密封罐中发酵。由于采摘后短时间内就加以酿制，所以它在酿制前期易出青涩和酸味；另一方面，这也成就了其石榴般红艳的色泽和满溢的无与伦比的新鲜果香，可说是有利有弊吧。

但博若莱不只有新酒。

找个机会尝尝普通的博若莱红酒，品尝一下甜美如鲜嫩多汁草莓的佳美、如草莓糖果可口的佳美。

笔者品佳美入口，感觉就如同自己坐在阳光和煦的公园长凳上，微笑地看着天真烂漫的小女孩们开心嬉戏的身影。当然，我可不是什么猥琐变态的叔叔。

法国 香槟产区

CHAPTER 4

馈赠佳品——颇有美名的香槟

法国香槟产区就是人们常说的香槟的产出地。香槟是起泡红酒，不断升腾的泡沫直冲如塔，恍如夜间美梦，瞬息无影无踪。

正如大家所了解的那样，那么多起泡酒中也只有法国香槟产区出产的才能标记为“香槟”。香槟和其他起泡酒到底有什么不同之处呢？让我们来一探究竟。和其他起泡酒品种相比，香槟无论是在品种选用、熟成时间还是碳酸强度上都有着极为严格的标准要求。要逐一解释的话，可能说起来就话长，刹不住了。香槟酒行业委员会会一家一家地挨个巡查香槟生产厂。在这种情况下，想生产出劣质的、碳酸低弱的香槟都是不可能的。

起泡酒还有意大利的苏打白葡萄酒、西班牙的卡瓦，但毫无疑问，香槟才是真正的起泡酒之王！

严选出好酒，标准越严苛，质量越上乘。遵从传统酿制方法、满足严苛的工艺酿制出品的香槟，其味道又怎么会差呢？

香槟的主要原料为霞多丽和黑皮诺，莫尼耶皮诺是香槟的次等辅助品种。香槟所使用的原料不出这三大品种之外。其中，单纯霞多丽酿制而成的叫作“白中白”，即用白葡萄酿白葡萄酒；单一黑皮诺酿制而成的叫作“黑中白”，即用黑葡萄酿制白葡萄酒。标签上都有标记。白中白口感细腻纯净，黑中白口感丰厚，都是高级香槟。

曾有人问我：“哪种香槟比较好？”我反问他是否用作馈赠礼品？如果是赠人用，我会毫不犹豫地推荐类似“唐培里侬”“酩悦”或者“凯歌”之类的香槟。您是否注意到了，这些都是声名在外的名酒？确实如此，香槟原本就是节日、祝贺用酒。不仅法国的香槟，全世界的香槟都是如此。开启香槟，尤其是开启“唐培里侬”这样的香槟王的瞬间，看到标签的刹那，不是更能引发火爆的气氛吗？！

香槟如同鲜艳美丽的花束，越奢华越易表达祝贺的心意。

如果非要压人一筹，可以选“库克香槟”；如果要深切地感受香槟的成熟魅力，建议选细腻深邃的“欧歌利屋”香槟。

这几款香槟的价格也就是两三款游戏软件的价格。为了重要的人，值得“嘭”一声打开香槟，营造欢乐及浓情的氛围。

除了沉溺于风花雪月场所的单身御姐外，建议大家都尝一尝，感受一下香槟的魅力。

香槟，为人生锦上添花

香槟酒标签上标有“NM（大香槟商）”，味道稳定，是馈赠佳品。

香槟酒标签上标有“RM（独立农庄）”，自有葡萄园，自产香槟。

独立农庄规模小，制造更为精细，风格更为明显。
此酒适合爱好红酒的人士。

CHAPTER 5

法国 罗纳河谷产区

想悠闲？喝点『罗纳』放松身心

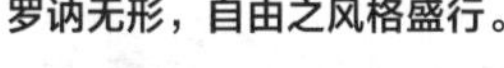

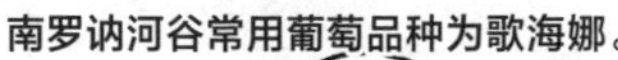

喝法国红酒，特意避开大名鼎鼎的波尔多和勃艮第，偏偏去选“罗讷”。我自恃算个红酒专业人士，才会自鸣得意地做出这种选择。

选波尔多还是勃艮第，这和选橘子汁还是葡萄汁感觉一样，都是在味道的倾向上做选择。但是，选“罗讷”就不是那么回事了。“罗讷”就如同可以取橘子汁的自动售货机。自动售货机里面有咖啡、茶还有果汁，可选面非常广，各种各样都有，“罗讷”也是这样，风味全面。

喝“罗讷”并不是因为它是“罗讷”，喝的是个人偏好的葡萄品种和红酒品牌。整体上，“罗讷”要比波尔多和勃艮第更有休闲之趣。

为什么这么说呢？因为“罗讷”不受规则约束，不受传统束缚，风格自由闲适，口味各式各样。该产区盛产游离于 AOC（AOP）规则之外的自由风红酒。

酸度和果味平衡适中，如同爽快利落的农家大婶。

美味简单，价格便宜。几杯下怀，疲惫尽消。适合于休息日早饮抑或畅快痛饮。

“罗讷”和大阪中心区一样，也有南北之分。

北罗讷常用的葡萄酒品种为西拉和维欧尼。单一西拉，酸度过高，稍微掺入些维欧尼中和，就更为圆润。这种组合非常常见，新世界有些产地也竞相模仿。某日如果看到西拉和维欧尼混合的新世界红酒，你就可以试着愤愤然指出它的抄袭。这也是对自己已然晋升为红酒专业人士的认同和自豪。

红酒小知识：澳大利亚喜欢把西拉叫作西拉子。

想试试西拉和维欧尼组合的风味，务必要选北罗讷的红酒。

而南罗讷最常使用的葡萄品种为歌海娜。歌海娜强劲有力，和北罗讷相比，南罗讷散发出了独特的乡土田园气息。南罗讷不用酒瓶盛装红酒，在农田里劳作了一天的人们用酒坛按升买回家，伴着晚饭，边吃边喝。

天然毫不做作，不正是红酒魅力之一吗？

南罗讷可淘宝之物甚多，尤其是白葡萄酒，能淘到好货。不带任何期许地淘选，说不定就会有意外之喜呢。

在罗讷河谷产区，红酒的酿制不拘于常识，完全出自自由之心，合我心意。从中能感触到酒农们自己动手努力造好酒的伟大气概。

法国罗讷河谷产区

放下重担，
轻松品味这朴实无华

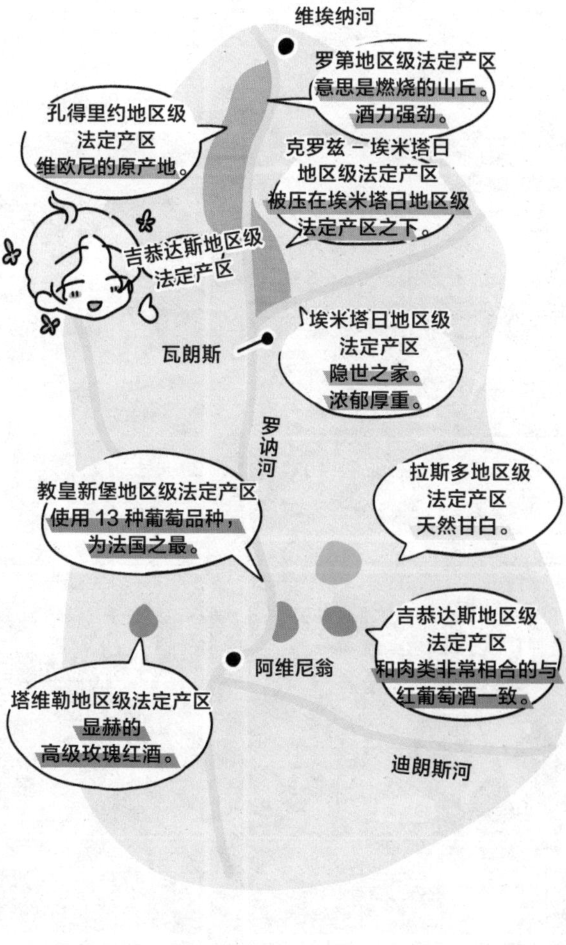

维埃纳河

罗第地区级法定产区
意思是燃烧的山丘。
酒力强劲。

孔得里约地区级
法定产区
维欧尼的原产地。

克罗兹－埃米塔日
地区级法定产区
被压在埃米塔日地区级
法定产区之下。

吉恭达斯地区级
法定产区

埃米塔日地区级
法定产区
隐世之家。
浓郁厚重。

瓦朗斯

罗讷河

教皇新堡地区级法定产区
使用 13 种葡萄品种，
为法国之最。

拉斯多地区级
法定产区
天然甘白。

吉恭达斯地区级
法定产区
和肉类非常相合的与
红葡萄酒一致。

阿维尼翁

塔维勒地区级法定产区
显赫的
高级玫瑰红酒。

迪朗斯河

法国
罗讷河谷产区

主要品种

歌海娜

乡土气息的田家小姑娘，未来充满无限希望。带有草莓果酱、黑胡椒的香气。

西拉

活泼调皮，现场气氛的调节者。辛辣，口感厚重。

玛珊

孱孱弱弱，经不起风雨的温室的小花。酸度低，香气浓郁丰富。

维欧尼

悠闲自在的小鲜肉。强烈的白花香型，果味独特充盈。

瑚珊

白葡萄

总是在玛珊身旁给予她帮助。如蜂蜜、红豆般细致芬芳。

今天我认输。
完美，成功。
这小子是北罗讷河谷的西拉。
加油！
加油！
这是赤霞珠同学。
女孩？
吵吵
闹闹
上，干掉他！
嗯，有什么比赛对决？
西拉这家伙，总是那么朝气蓬勃。
好哇
气喘吁吁
如胡椒一样，酸度较高，充满野性。
西拉，走！到院子里玩捉鬼游戏去。
啊哈哈哈
在力量上不输赤霞珠。
太有意思了，再来比一场。
没错，西拉其实是女孩子。
调皮捣蛋的西拉。
欢迎您回家。
熟成后的西拉展现出高贵雅致的风韵。

马上开始上课。咦？西拉哪儿去了？
老师
又是这家伙！
又是这家伙！
维欧尼，麻烦你去把她抓回来。
起身
好的。
西拉同学，
上课啦。
他总是那么香气袭人。出身良好啊。
他就是维欧尼。
口感充盈着杧果、菠萝的味道，散发着鲜花的香气。
很危险的。
原来是维欧尼同学。我先把鸟蛋放回去。
你要不要看看？
西拉同学！
入口酸味不显，亲切圆润。
刚孵出的小鸟谁来照顾啊，
麻烦死了。还是先放在外面吧。
……
也是！
对吧！
对啊
和维欧尼组合，西拉也变得稳重起来。
回教室吧。
哦。

西拉同学，谢谢。不过，没关系的，我平时就爱干家务。
！
啊，我也来帮忙。
歌海娜同学，我来帮你吧。
擦擦擦
扫扫扫
无言以对。
歌海娜原产自西班牙高原，那里干燥、高温的气候孕育了该品种的高糖度和酒精度。
歌海娜一个人的时候总表现出南方农家小姑娘的样子。
你说真的？
单一的歌海娜乡土气息浓郁。混入西拉后，能充分调出它的紧涩及酸味，酒味也被中和得很柔顺。
我来帮忙。我干点什么？
好吧。那地板就……
朴实无华，让人心生好感。

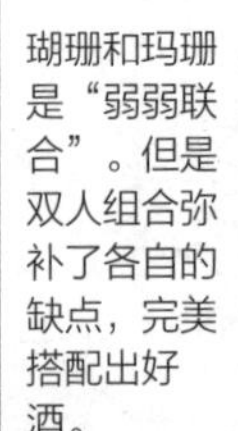
瑚珊和玛珊是“弱弱联合”。但是双人组合弥补了各自的缺点，完美搭配出好酒。

哇，又获得了漫画新人大奖。“瑚玛组合”了不起。
漫画新人
奖揭晓

玛珊的产量较大，和其他品种混合使用，单一品种风格不强。
感谢瑚珊给我的漫画写的脚本。

嗯！玛珊，努力没有白费。
瑚珊体弱多病，口感强烈，酸味过激，不适合单一使用。
好高兴！

瑚珊和维欧尼也常常混合搭配。酸味突出的瑚珊和圆润的维欧尼是对出类拔萃的组合。
那个，维欧尼同学，你听我说。
美女，有什么喜事啊？好像很高兴啊。
这是我们两个人合作的漫画。

这么热闹。

CHAPTER 6

法国 阿尔萨斯产区

阿尔萨斯的德国风

罗讷河谷气候舒适，阿尔萨斯的气候则要恶劣得多。气候对红酒有没有影响呢?

阿尔萨斯气候寒冷，严寒的地方盛产美味的白葡萄酒佳品。

阿尔萨斯产区虽属法国，风格却迥然不同。法国葡萄酒全部是单一品种葡萄酿制，在阿尔萨斯这块土地上粉墨登场的葡萄品种有雷司令、琼瑶浆，个个风格强烈。

阿尔萨斯的红酒瓶形状既不随波尔多，又不随勃艮第，纤细修长。

以上这些所有特征都和德国葡萄酒异常相似。为什么会有如此的相似呢？原来阿尔萨斯内挟莱茵河，经历多次战争，受战争影响，和德国文化相互交融。气候相同，本质相通，如撕下酒瓶标签，估计连我也很难分清其中的区别。

德国红酒主体甘甜，阿尔萨斯却有部分红酒口感辛辣。

阿尔萨斯地区没有AOC（AOP）中的“地区级法定产区”等级，全部统一为“Appellation（名称）阿尔萨斯 Contrôlée（控制）”

这个标。

阿尔萨斯土壤条件异常复杂，同样的村庄、同样的园区味道竟也千差万别。这样的阿尔萨斯葡萄品种很值得期待啊。

雷司令是阿尔萨斯最主要的葡萄品种，也是酿造贵腐酒的原料，只是酿造贵腐酒的工艺流程与其他红酒有所不同。

阿尔萨斯多雾，云雾缭绕水汽多，容易滋生霉菌。其他品种的葡萄遇到这种灰葡萄孢菌，只能是死路一条。灰葡萄孢菌碰上雷司令，却只能夺走葡萄中的水分。水分被夺走，只留下了适量的糖分，造就了神奇的干腐葡萄。

贵腐酒散发的天然独特的甘美复杂香气，又叫“贵腐香”。这种独特的烟熏朽木味，一般人受不了。我是恶趣味，很喜欢描写这种不适的烦恼。

模仿贵腐酒的酿造原理，还衍生出了多种红酒品种，如冰酒、迟采甜葡萄酒（晚采红酒）之类的甘甜红酒。

冰酒就是通过将葡萄冷冻、凝聚糖分而制作出来的。

迟采甜葡萄酒就是迟到快腐烂前才摘下葡萄、新鲜酿制而成的。

坦白地说，对长期熟成贵腐酒之外的冰酒、迟采甜葡萄酒的口感我是区别不出来的。甚至也很迷茫于所谓的“贵腐香”究竟是香气还是臭味。不好意思，果真我这侍酒师水平不行啊。既然连我这样的专业侍酒师都云里雾里搞不清状况，各位读者朋友就更没有必要去在意贵腐酒、冰酒、迟采甜葡萄酒究竟是什么了。

赛美蓉是和雷司令相似的葡萄品种。波尔多产区的苏玳地区级法定产区就用赛美蓉来酿造甘甜的白葡萄酒。我们只需记住也是用的贵腐工艺，特征也基本相同就足够了。

享受自绝无仅有的约会中诞生的贵腐酒

平时的雷司令

离我远点！

久等了。

是等着我呢？

灰葡萄孢菌（霉菌）

没迟到。

不是，我又不是专门等你。

这样啊。

法国阿尔萨斯产区

主要品种

单纯、蛮横、娇羞的小姑娘。直爽的辛辣和酸味平衡得很好，口感甘甜。

灰皮诺具有神秘的两面性，既有意大利灰皮诺淡雅的一面，又有法国黑皮诺厚重的一面。

什么奢华就喜欢什么的年轻女孩。带有独特强烈的荔枝、香水的芳香。

今天好冷，我们去K歌吧？
雷司令，你也去吧？
好啊。
我今天有约了。
不好意思。
噢？和那个人的约会？
下次再去吧。
那个人那么可怕，哪里好啊？
雷司令和霞多丽并称为白葡萄优选品种。
阿尔萨斯的雷司令大半带有直爽辛辣的矿物质感。
呼
呼
灰葡萄孢菌。
和灰葡萄孢菌（贵腐菌）结合，激发出纯粹的甘甜。
呼
呼
呼
等了会儿？
没有，跑着过来的？连伞也没打。
青苹果的香气中隐隐散发着黏合剂的气味，一下子就俘获了喝酒的人。
想喝茶吗？
好。

温水游泳池
还有室内游泳池，真豪华。
扑通
恒温泳池。
快速
那不是灰皮诺吗？灰皮诺是黑皮诺的基因突变品种。
2-2
灰皮诺
冒出水面
咦？真的感觉有点相似。
在基因突变中，灰皮诺蜕变得更加“美丽”，晶晶透亮，口感多汁。
27秒5！
强烈的蜂蜜印象，口感圆润。
这位是琼瑶浆。身未动，香已至，满满的异国风情荔枝香。
别游了。
灰皮诺，都这个点了。别太拼了。
等下，你是谁啊？你在看什么呢？
一见陌生人，就破功。
华丽的装扮、厚重的甘甜。
对，对不起。

CHAPTER 7

法国 卢瓦尔河谷产区

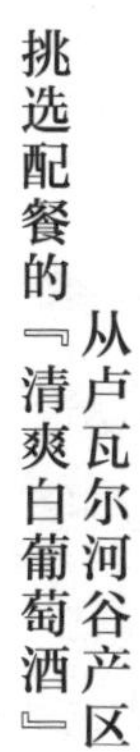
从卢瓦尔河谷产区
挑选配餐的『清爽白葡萄酒』

卢瓦尔河谷，又被称为“法兰西的花园”，风景如画。

分为四大片区，各有各的特点。

密斯卡岱（白）
品丽珠
白诗南（桃红）
长相思（白葡萄）
白诗南（白葡萄）
南特地区
安茹地区
中央地区
都兰地区

新鲜的红酒和水嫩的食物非常搭配。

白诗南
住手！

和鱼贝类搭配非常相宜。

轻盈活泼的白葡萄酒是卢瓦尔河谷红酒的经典代表。

也出产巴黎人日常饮用的佐餐葡萄酒。

船桥、秋叶原被称为日本的花园，而卢瓦尔河谷是法兰西的花园。古老庄严的城堡、景色秀丽的花园，河流缓缓流淌，丘陵蜿蜒连绵，田园一派丰收的景象，放眼望去是一望无垠的明媚风光。

我虽然没有造访过卢瓦尔河谷，但当我品尝卢瓦尔河谷的红酒时，我的脑海中就会闪现出河谷秀美的风光，醺醺然沉醉其中，红着脸继续轻酌着小酒。这时，美酒和风景是一体的，装满了我的内心。忽一睁眼，眼前哪有美景，还在船桥的酒吧里，只见喝得醉醺醺的酒客歪倒在前台处。于是，又回到了现实里。

卢瓦尔河谷地域面积非常广阔。卢瓦尔河谷和罗讷河谷产区相同，人们选择卢瓦尔河谷的红酒不是因为它出自卢瓦尔河谷产区，而是因为“喜欢卢瓦尔河谷的品名”“喜欢原料的葡萄品种”这些理由，才最终选择了它。

选卢瓦尔河谷出品的清爽辛辣的白葡萄酒，不失为明智的选择。在法国首都巴黎，人们喜欢用卢瓦尔河谷的白葡萄酒佐餐，味道虽不至于令人震撼，但也淡雅爽利，任何时候都不会让人生厌。

卢瓦尔河谷分为四大片区，每个片区都有各自的特点。

“南特地区级法定产区”将密斯卡岱带渣发酵，酿制出酒香四溢、口感浓郁的白葡萄酒。尤以名字拗口的“Muscadet de Sevre et Maine 村级法定产区”的密斯卡岱最为有名。

“都兰地区级法定产区”的武弗雷村以白诗南这种单一葡萄为原料酿造的白葡萄酒最为著名。

“中央地区级法定产区”的桑塞尔村以长相思、普伊 - 富美村以烟熏味红酒闻名。

“安茹地区级法定产区”有个安茹桃红村。

法国有哪三大桃红酒？安茹桃红稍带甘甜，和南罗讷的塔维勒产区的桃红、普罗旺斯产区的桃红并列称为三大桃红酒。我为什么会像谜语竞答一样抛出法国的三大桃红酒问题呢？这三大红酒，无论哪种价格都比较适中。如果你是桃红酒爱好者，我建议你有机会尝一尝。

有人会问：桃红酒既不是白葡萄酒也不是红葡萄酒，饮用的价值何在？是因为它不挑餐，和任何美食都可搭配。

每天饮用也绝不厌烦的
素雅、平衡度好的白葡萄酒

南特地区级法定产区
品味密斯卡岱。

都兰地区级法定产区
品味白诗南。

安茹地区级法定产区
品味桃红葡萄酒和
单一品丽珠红酒。

中央地区级法定产区
品味长相思。

每日用餐时，喜欢喝几口红酒的人就不用再烦恼“选红酒合适呢，还是白酒佐餐更好”了。从外观上看，法国的桃红葡萄酒最受欢迎。法国安茹村还罕见地用一贯低调的名贵品种品丽珠单一葡萄酿造红酒。

法国卢瓦尔河谷产区

主要品种

衣服总弄得脏兮兮的，爽朗、单纯、自来熟、朴实，味道清爽。

率直、冷静的天然美少女。具有典型的绿色草本芳香，还伴有西柚的果香气息。

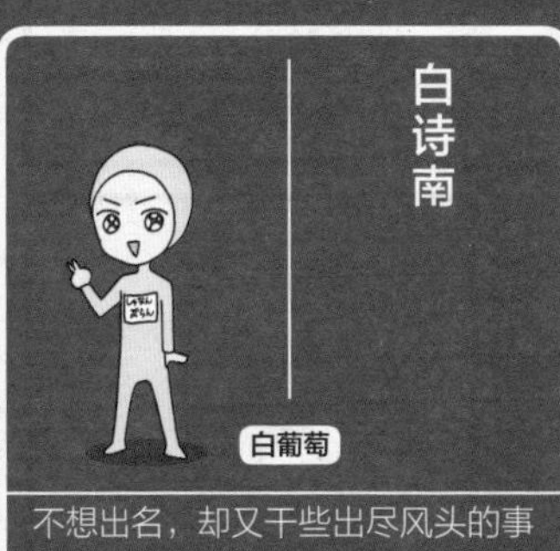

不想出名，却又干些出尽风头的事情的奇怪家伙。没什么突出的特点，却别具魅力。

早上好，密斯卡岱。今天带渣发酵得不错啊。
是吧。
刺
但是，别叫我密斯卡岱。请叫我“Muscadet de Sevre et Maine”。
再见。
哎呀！
摔倒
密斯卡岱采用了古老的制作工艺带渣发酵熟成。

带渣发酵古法让柑橘的芬芳更醇和，纯净酸味更圆润。
说什么呢？竟然知无不言，言无不尽！什么底都掏了。
密斯卡岱，你总这么活力满满。
我就是这样，无论何时都开开心心的。
清爽中加入含蓄、深刻，很容易上口的品种。

嗯？
谁掉落的大葱和西柚？
快快乐乐
啪！
莫斯卡托
一触
即发。
别打架！
顺便提醒一下，莫斯卡托和密斯卡岱差别非常大，完全是不同的品种。

浓郁的青葱气息和香草的芬芳。
谢谢。
长相思比霞多丽更直爽辛辣。
那是我的。
还你喽
长相思同学的啊，来来，给你。
清爽的口感，让你忘记夏日的酷热。
凉丝丝
凉丝丝
好凉快
感觉有清风拂面。
等下，小伙子，别把长相思当空调使。
得救了。
我也感觉好凉快。
凉丝丝
那个晃来晃去的白衣家伙就是白诗南。温和、水汪汪的，还有点甜美。
是制作贵腐酒和香槟的原料。
等下，只有这些吗？我叫白诗南。没个性就是个性，我不喜欢太惹人注目。我跟食物的搭配性可好了，一定能和你成为朋友。我是个非常正常的人吧？
名字都写好了，记好了就回宗吧。
白诗南
白诗南
白诗南

CHAPTER 8

法国 南法兰西

普罗旺斯／朗格多克产区

想咕咚咕咚地开怀畅饮，那就在冰箱中塞满『南法兰西』红酒

世界三大桃红葡萄酒，其中之一就是普罗旺斯桃红。

躺在广阔洁白的海滨沙滩的奢华消暑休闲椅上，边透过太阳镜远眺着海边戏水的美女，边轻啜着诱人的桃红葡萄酒。这场景美得无法形容。

南法兰西红酒最适合开放的场所、开放的人。请尽力试着想象一下南法兰西的风景，是不是想象困难，表情困惑？没有人能轻松优雅地说起南法兰西的酒产自何地，产于哪些年份。南法兰西真正的印象应该是被太阳晒得黝黑又因酒精涨红了脸的人们， 他们爽朗地大声笑着，大快朵颐地吃着美食，喝着葡萄酒，桌子上或脚下凌乱地堆着青壳贝、奥马尔虾的壳子。

接着我们来介绍一下南法兰西朗格多克的红酒。朗格多克的红酒以“便宜、好喝”著称，也是卖点所在。

AOC（AOP）之下，还有一种叫“ Vin de Pays”（和 IGP 优良地方餐酒同等级）的等级制度，这种等级的红酒在日本也非常常见。这种红酒的近百分之八十都产自朗格多克。其实这是一种廉价红酒。世界上的廉价红酒何其之多，有的就装在塑料瓶中，还有的甚至干脆装在纸袋中。在这些廉价的红酒中，Vin de Pays 算是优选的，在品质上有一定的保证。如果要花一千日元去买酒，与其冒险去买一千日元的波尔多或勃艮第红酒，不如买这个价格的朗格多克红酒显得更为明智。可惜的是，爱酒人士中偏好朗格多克的人少之又少，在这世上真是很难碰到。

先澄清一下，我以下的建议不带有恶意的指向。朗格多克的红酒不适合精挑细选地选一瓶细细品鉴，却非常能满足想一下子购买几瓶以上，再饮水般豪饮人士的需求。这是我的感觉，绝非恶言恶语。夕阳西下的大海边，吹着海风，饮着美酒。美!

法国南法兰西普罗旺斯 / 朗格多克产区

休闲度假品红酒

能饮一杯不?

歌海娜? !

我害羞!

法国南法兰西普罗旺斯 / 朗格多克产区

主要品种

新近选培的卡里尼昂是一位问题少年。混杂着烟草和巧克力的香味，口感带有成熟的果实气息。

适合夏日去旅游胜地游览的健康女孩。散发出桃子和草莓柔和、甜美的香气。

乡土气息的田家小姑娘，未来充满无限希望。带有草莓果酱、黑胡椒的香气。

……
!!
喂，东西掉了！
什么？哦，谢谢。
丁零零……
糟了，预备铃响了。
带有烟草、鞣制的皮革、铁锈的气息……香气稍显冷清。
来，这个给你。这是咱俩做朋友的信物。
烟草巧克力
烟草巧克力
卡里尼昂是比较古老的廉价酒原料品种。
你好。多多关照。我是卡里里。
你就是那个转学生？
丁零零……
再见。
由树龄较老的葡萄树所结的葡萄酿制而成的红酒会特意标上VV老藤的标志（Vieilles Vignes）。
找找的话，兴许能找着。
这个人外表看上去好可怕。
现今树龄在50~70岁的老藤产出了品质优良的卡里尼昂。
以后请多关照。
啊，谢谢。

意大利

CHAPTER 9

对风格特异的红酒情有独钟？意大利红酒不负所望

如前面所述，红酒有各种各样的特征，但这些特征统统可以在法国红酒中找到，法国红酒才真正是所有红酒的原型范本。故此，你可能会听到一些娇惯的小姐们骄横的言语“我只喝法国红酒”，等等。在红酒爱好者当中，确实存在这种情况。只要能把法国红酒摸透了，你也就懂红酒了。

但是，在红酒知名度方面，意大利是不亚于法国的。在店里遇到喝意大利红酒的概率也很大，总觉得有点不太真切。

那么什么场合下应喝意大利红酒呢？请在品尝意大利料理时喝吧，或者也可以只是因为喜欢而选择意大利红酒。基本上也就这些时候适合来杯意大利红酒了。这个回答好像有点敷衍。

但是，追逐意大利红酒也不是那么简单。意大利红酒没什么条理性，最大的特点是“散乱”，笔者虽然很喜欢意大利红酒，但却没有什么兴趣去更深入地了解它。

意大利是地中海气候，非常利于葡萄种植，所以虽不是各地都产酒，但葡萄却是各地都有的。总之，意大利用于酿酒的葡萄种类非常多，有 2000 种左右。如果不是意大利红酒专家，这么多品种的味道如何能界定得了？

为什么意大利葡萄种类会如此之多呢？那是因为意大利与红酒相关的法律起步过晚。正因气候条件过于有利，所以忽略了对红酒酿造的深入研究。

法国很早就有红酒法，从久远的年代开始就一直持续对红酒的种类进行着有效管控，因此产业非常清晰，“哪个产地哪个品种的红酒最好喝”非常明朗。

意大利则是不断地酿造新品种，以至红酒品种数不胜数，单是被认定可以用于酿造红酒的葡萄就有 500 种左右。

意大利红酒就如同没给小猫做绝育手术，从而导致混血野猫充斥公园。想一下都觉得受不了。

从味道上来说，意大利红酒绝不逊于法国，法国注重“优雅”，而意大利注重“自由洒脱”，所以你一旦迷上它，就会深深爱上它。

意大利葡萄品种非常丰富，加之培育土地的神奇多样，更是造就了富于变化的红酒品质。如果你正好对独特风格的红酒情有独钟，那么凭借自己的直觉去淘选意大利红酒，也许更有意思。

地域带来的差异究竟在哪儿?

法国有波尔多和勃艮第两大产地，而同样地，意大利有托斯卡纳和皮埃蒙特。托斯卡纳州超级有名的红酒是“基昂蒂葡萄酒”，多使用桑娇维塞酿造，桑娇维塞涩感比赤霞珠柔和，酸味较黑皮诺醇和，味道比较平衡。

意大利红酒中，基昂蒂非常流行，而基昂蒂中最出名的要数托斯卡纳州产的基昂蒂红酒。

以前的意大利没有出台与红酒相关的法律法规，基昂蒂红酒销售火爆，导致周边的人纷纷开始模仿，他们在红酒标签上统统加上“基昂蒂”的字样，做起基昂蒂红酒的买卖来了。

在利益驱使下，基昂蒂红酒不分好坏地被大量酿制出来。来喝酒的客人一上来就说“来瓶基昂蒂红酒”，如果店里没有基昂蒂红酒，他们就会非常诧异、疑惑地说：“竟然没有基昂蒂红酒！”所以别管你的店受不受欢迎，店里一定得标配有基昂蒂红酒。因果循环，导致托斯卡纳的基昂蒂红酒泛滥成灾。

不能这么继续下去！之后，意大利制定了相关法规，规定只有基昂蒂红酒生产历史最悠久的地方才能冠以经典基昂蒂的名字。

我们经常在旅游景点的特产店里看到一些诸如“元祖基昂蒂”“真正品牌基昂蒂”等的红酒。在这股风潮的席卷下，经典基昂蒂葡萄的种植面积不断扩大，品质也波动起来，价格更是从一千日元到一万日元一瓶都有。 好喝还是不好喝呢？这不和夏布利同样命运吗？都叫夏布利，同样都好卖。

可见，盛名之下其实难副。不过，出名也总有出名的理由，好喝的（价格昂贵的）毕竟还是好喝的。

在托斯卡纳州，还有一种类型的红酒也很有意思，叫“超级托斯卡纳”。“超级托斯卡纳”不顾红酒法规，明明是意大利酒，却以法国波尔多的方式被制造出来。

法国的旧红酒等级叫 AOC（现行为 AOP），而意大利的旧红酒等级叫 D.O.C.G.。D.O.C.G. 正式的全称叫“Denominazione di Origine Controllata e Garantita”。怎么样？拗口吗？我们完全没必要去记这些要咬牙切齿、差点憋死自己才能读出的全名。D.O.C.G. 都是取自首字母的缩写。和 AOC（AOP）一样，只是里面不含地名，仅仅是在瓶上打个 D.O.C.G. 字样的标识而已。

“超级托斯卡纳”无视意大利红酒分级规定，不符合意大利的红酒 D.O.C.G. 标准，只能被纳入地区餐酒一类。在地区餐酒中，还有西施佳雅、麓鹊那样的高档红酒。因其不受意大利红酒标准限制，所以有更大的自由度，也可能出于其更美味的原因，西施佳雅、麓鹊异常受欢迎，俨然成了真正的高档红酒。之后，D.O.C.G. 破例承认了高品质的西施佳雅等。加上了“超级”两个字，就被世界所接受，原来不只“超级马里奥”这一个啊，哈……

笔者也在思考为什么他们宁愿不遵守意大利红酒法规也要坚持酿造这种酒呢？大概是意大利人天生对自己的所有物、土地有着强烈的自豪感。他们认为自己的土地才是世界上最好的，有股“造超级托斯卡纳，超越波尔多”的壮志在胸吧。

不过，事实到底如何，交给饮者自去评说吧。

皮埃蒙特州因盛产内比奥罗葡萄而被人们熟知。内比奥罗具有厚重的烟草、巧克力香气，单宁沉重。皮埃蒙特州加内比奥罗的组合堪比法国波尔多产区加赤霞珠这对超人气组合。

著名的高级红酒村级产区巴罗洛村出产的巴罗洛和库内奥省产的巴巴莱斯科都是用内比奥罗酿造的，我也只见过这两种。这其中任何一种在美国都是大受欢迎，可以卖上价。据说它们非常适合美国人的口味，也许有人可以想象到它们的口感。

意大利有很多州，每个州的土地和品种又是多种多样，很难抓到每块产地的特征。因此，如果想了解意大利红酒，只要能记住托斯卡纳和皮埃蒙特两州就可以了。

意大利红酒不好挑，大多会失手，偶然挑中了，那就算是惊喜的相遇了。这种赌注感，正是意大利红酒最大的魅力之一。

POINT 随心所欲的神秘国度

意大利红酒等级制度

D.O.C.G.

执行最为严格管理的红酒。

V.O.C.

通过规定审查的红酒。

I.G.T.

使用 85% 以上本地产葡萄的红酒。

V.d.T.

没有特别限定的地区餐酒。

超级托斯卡纳就属于地区餐酒。

意大利

主要品种

莫斯卡托

白葡萄

可爱弟弟型，实则腹黑。甘甜香醇的味道，在年轻女性中很有人气。

内比奥罗

红葡萄

因巴罗洛而声名远播的不懂人情世故的王子。熟成期长，有着厚重丰满的味道。

桑娇维塞

红葡萄

因基昂蒂而为我们所熟知。内心强大的领导类型。涩味和酸味平衡得很好。

灰皮诺（法）比诺格里乔（意）

白葡萄

具有神秘的两面性。在意大利显“清爽”味道，而在法国则显“厚重”。

丢人。
得到充分日晒的桑娇维塞是意大利培育最多的品种。
好可爱的宝宝。
这是孩提时代的桑娇维塞吗？
哇，特别可爱。
无论在哪里都能让你感受到它的温柔与亲切，同时，不管是餐桌红酒还是高级红酒都扮演得很出色。
桑娇维塞，今天放学后见面吗？
好呀，那么在视听室见吧。
喂，昨晚看世界葡萄纪行了吗？
嗯，非常帅。
看了看了！是那个新品种吧，印象太深刻了。
与赤霞珠混合，制成一种称为“超级塔斯卡”的酒力强劲的红酒。
我们是——超级塔斯卡！
再来一次！
好！
试听教室
味道像樱桃那样甘甜，涩味减弱了。
波尔多的使者，赤霞珠。
托斯卡纳的使者，是桑娇维塞！！
使用中
禁止入内

醇和的涩感独具魅力，是意大利最好的葡萄品种。
砰!!
怎么了？生病了？
内比奥罗散发着卷烟、巧克力还有焦油等醇正的味道。
内比奥罗同学，振作起来！
内比奥罗！别慌张！
真的吗？
真的哟！你是个不错的家伙！
我，厉害？
非常厉害哟！我就没有你这样的单宁。
我不在了，不好吗？
当然不好！你觉得没有王子治下的王国会繁荣吗？！
该红酒偏强硬，不太容易醒。
需要小心呵护，所以不容易栽培……
够了……这家伙马上没自信了，讨厌……
我觉得不是什么大不了的事情……
说什么呢……你以为就你厉害？
垃圾桶
一旦醒了，就会展示出高傲的王子气质。
甩发
久等了各位！
这个王子有点难搞定……
王子归来！
内比奥罗君！！
哇
哇
哇
哇

大家！
这是我
的 CD
和写真。
会来买
吧？！
买了——
总觉得这
个歌声好
可爱呢。
キャ
唉
啊
啊，好
累。
莫斯卡托
比密斯卡
岱果味更
浓，像吃
了白葡萄
的味道。
新的麝香
猫造型。
可爱
的小
挂饰！
麝香的
香味。
卡卡！
是啊
好可爱！！
偏甘
甜，
很受
女士
喜欢。
哇
哇
这就
是莫
斯卡
托。
最多
的是
面向
女性！
场面火
爆啊。
使用
莫斯
卡托
的红
酒。
那么，接下
来请继续收
听“阿斯蒂·
斯普曼特”
“莫斯卡托·
达斯蒂”这
两首曲子。
这两
款最
有名
扛
不
住
了……
口感虽
好，千
万不要
贪杯哦。

这么没自信啊。
别管了，先放一放。

那个孩子是比诺格里乔。灰皮诺（法）的意大利版本。
是吗？两人不同吗？我完全看不出来有什么不同。

啊，她就是灰皮诺，之前在泳池遇到的就是她。

比诺格里乔看起来很清爽啊。多是面向女性。
哇，她好像在微笑呢！！性格完全相反！

两者都是白葡萄，口感非常好。
灰皮诺，有一种熟成后的厚重感，口感高级。

滑动
休闲

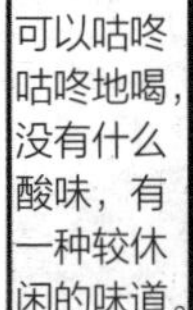
可以咕咚咕咚地喝，没有什么酸味，有一种较休闲的味道。

舒缓的运动

CHAPTER 10

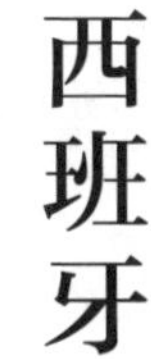

西班牙

要寻找厚重的口感，那就试试坦普拉尼罗吧

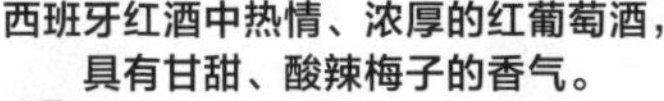

西班牙是浓厚的红色、热情的红色。

除了吃西班牙料理以外，还有什么时候会想喝西班牙红酒呢？那当然是如看斗牛时、欢跳吉卜赛舞蹈时那样蠢蠢欲动的夜晚。

不要怀疑这样的夜晚是否存在，我认为是存在的。

不是我带有偏见地认为西班牙是个热情的国度，西班牙红酒中加入了物理成分，燃烧了热情，一喝就得烧起来。

附带说一下，西班牙分为“里奥哈产区”和“贝内德斯产区”，是根据地域选择红酒，还是根据品种选择红酒呢，我们推荐根据酒的种类来进行选择。

说起西班牙红酒的品种，首先要说红色的“坦普拉尼罗”。

带有“早熟”意味的红酒是西班牙固有的最好品种，被广泛地种植在西班牙广阔的土地上。那么是怎样一个广阔的范围呢？该区域西班牙国内称为“威达·里亚布拉”“森西贝尔”或者“廷塔·德·派斯”，这个称呼也会不时地变化着。

唯独受西班牙人追捧的“坦普拉尼罗” 具有浓郁的气味，浓厚而细腻的味道。成熟的水果，劲道很足。和六大品种相比较，偏爱梅洛葡萄品种的人，也都非常喜欢坦普拉尼罗。在此顺便推荐一下，里奥哈地区的瑞格尔侯爵酒庄的红酒，味道很不错，超市等均有销售。

另外，说起西班牙式的红酒，不得不说贝内德斯地区生产的“卡瓦”。

卡瓦远销日本市场，经常摆放在香槟酒柜台的旁边。如果不是买起泡红酒送人，只是自己在家小酌，笔者肯定会毫不犹豫地选择卡瓦。

卡瓦价格适中，基本的生产方法同于香槟，整体的质量非常高。香槟要细细地小口品尝，至于卡瓦，更适合你咕咚咕咚豪气地一饮而尽，爽快的味道也是发挥了起泡红酒真正的作用。

再接着得说说西班牙的“雪莉酒”了。

雪莉酒是添加了白兰地酒的成分生产的，味道较为广泛，有的非常甜，也有的极辣。

甜是非常甜，像黑蜜果浆的味道。辣味是把白葡萄酒不断地干燥，去除果味，有点“绍兴酒”的感觉。

葡萄牙的“波特红酒”“马德拉红酒”，都类似于雪莉酒。无论是其中哪种，为了利于保存，都提高了酒精度数，放入冰箱保存的话可以存放相当久。

活跃于大航海时代的西班牙和葡萄牙都是四面临海，由于航海的频度比较高，“便于携带的红酒”也就应时而生。

这之后，又生产了含有酒精成分的红酒，叫作酒精强化红酒，无论哪一种基本上都是作为饭后消遣娱乐的酒来使用的。

顺便提一下，为存放雪莉酒而制造的酒桶，称为雪莉酒酒桶，也用来存放威士忌。有了雪莉酒的香气、味道、颜色加入，成就了威士忌的内涵。

喝热情国度的红酒，享气氛激昂的夜晚

西班牙红酒等级制度

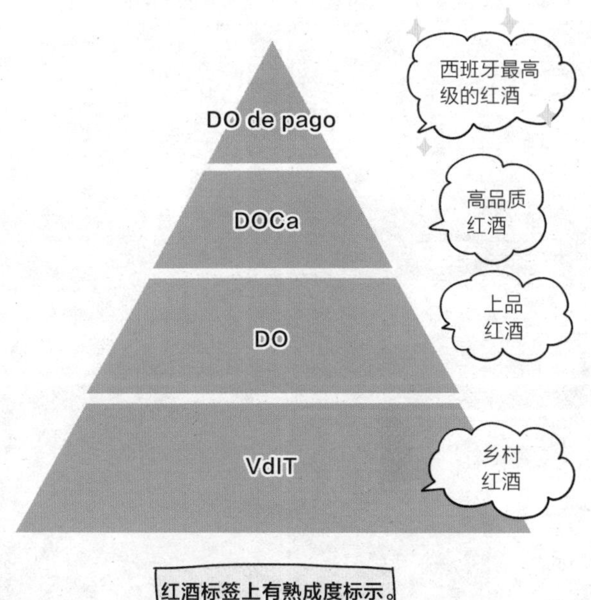

红酒标签上有熟成度标示。

熟成期长（佳酿级）

熟成期更长（陈酿级）

只用于生产陈酿的高品质红酒，熟成期非常长（特级陈酿）

西班牙

主要品种

装模作样，热情的哗众取宠的男人。具有梅、李、樱桃等黑色系水果强烈的香味。

具有香烟、巧克力的香味和成熟果实的味道。通常和歌海娜混合一起使用。

具有草莓酱和黑胡椒的香味。通常和卡里涅纳混合在一起使用。

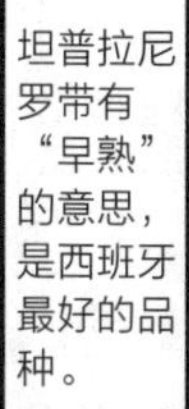
坦普拉尼罗带有“早熟”的意思，是西班牙最好的品种。

那是坦普拉尼罗！
好漂亮的人啊，坦普拉尼罗同学好成熟哦……

买了东西，有备而来。

啊！

收获期比加尔纳恰（在法国叫歌海娜）还要早两个星期，口感香醇、浓厚而细腻。
单宁的酸味强烈，可耐长时期的熟成。
玫瑰花束！
告白！告白！

同样是黑葡萄，但是比起赤霞珠和黑皮诺的话，口味稍微有所保守。
嗯。
嗯。
所以通常和倔强的加尔纳恰混合在一起使用。
我已经说过几次，那样的女孩是不行的，不是吗？
肯定有更适合坦普拉尼罗同学的人！

坦普拉尼罗同学。
……
加尔纳恰……

在里奥哈是一种醇厚的酸味。在贝内德斯则是一种正宗的酸味。
坦普拉尼罗根据酿造方法的不同，分为好入口的红酒和不好入口的红酒！
哥哥是个非常正经的人，为什么会这样？
哥哥
完全搞不懂他，这家伙就这德行。
是啊！我知道了，加尔纳恰！
坚持下去，我一定能成功！

由于距离南法国很近，所以特征也几乎一样。
卡里尼昂（法），在西班牙称为卡里涅纳。
顺便提一下，歌海娜在西班牙叫加尔纳恰。但是心意懂了！

加尔纳恰和卡里涅纳有彼此相似的地方，所以在西班牙也很投缘。
吃烤红薯吗？
吃。
感人

德国

CHAPTER II

从白葡萄酒的葡萄品种开始，进攻

提起德国红酒，
“甘甜白葡萄酒”给人的印象较为深刻。

实际上，在以雷司令葡萄酒为中心的德国，
糖分越高的葡萄酒越是高级品。

甘甜 → 超甘甜

位于金字塔顶点的是精选干枯过熟葡萄酒，如甘露一般甜美。

如果用于佐餐，
推荐德国的“辛辣白葡萄酒”。

冰冷的国家的红酒，味道很清爽。
也适合和日本料理搭配饮用。

因受与法国长年反复的领土相争、彼此文化相互交融的影响，德国的红酒和相邻的法国阿尔萨斯的红酒风格非常相似，这种相似甚至涵盖了红酒的配菜——醋泡菜、猪肉料理等地方料理。

德国以甘甜为主，阿尔萨斯以辛辣为主，无论是哪个都可称为是白葡萄酒的王国。这里有贵腐红酒，也有用于赠品的红酒品种雷司令，都是那么的相似。

德国红酒虽然和阿尔萨斯红酒“类似”，但德国红酒已然处在危险的境地。为什么这样说呢，原因是德国葡萄的名称晦涩拗口，很难被记住。比如，在阿尔萨斯地区使用的灰皮诺品种（Pinot Gris），在德国别名为 Grauburgunder，而黑皮诺（Pinot Noir）变为了 Spatburgunder。名字相差太大，人们无法将不同名字的相同葡萄联系在一起，起不到重叠印象的效果，真是可惜了。

其他同样在阿尔萨斯使用的品种琼瑶浆，在德国最为古老，被称为 Gewurztraminer。两者整体给人线条硬朗、筋骨强壮的印象。

另外，法国各产区指定优良葡萄酒上标记有 AOC（AOP），在德国则会标记 QbA。这个是“Qualitatswein bestimmter Anbaugebiete”的简写，不过，现在已经没人沿用这种叫法，到底是什么意思，我是完全不知道。

像这样的和德国红酒相关联的名称都比较生硬，也较为烦琐，因此在侍酒师考试中放弃的人很多（其实是不可以放弃的）。我举这个例子，其实想表达的意思是，连专业的红酒侍酒师都很难记住这些晦涩的名称，对于非专业人士的你们来说，只要模模糊糊地大致了解一下德国红酒的名字就够了。

德国红酒以甘甜的白葡萄酒为主。因为在寒冷的地方无法培育甘蔗，甜味的东西显得尤为珍贵。这个有点像战后日本的香蕉也“物以稀为贵”的昭和趣闻。

在德国，红酒的等级是以糖度为标准来区分的。总的来说，甜的东西就是上等的。另外，还有比产区指定的优良红酒（QbA）更高等级的顶级甘甜红酒。

在这个等级中位于最高位、睥睨天下的红酒是“精选干枯过熟葡萄酒”（Trockenbeerenauslese）。

总感觉这名字像是“足球之神”那样，气势十足，须仰视。实际上这是一种让人心荡神驰的甘甜极品红酒。说起甘甜，其又区别于砂糖的甜。

按照糖度从高到低排序，接下来是冰酒（Eiswein）和“精选过熟葡萄酒”（Trockenbeerenauslese），然后是“精选葡萄酒”（Auslese）。

这些与其称之为红酒，感觉却更像是一种特别的饮料。有时会有“精选葡萄酒就像是甘露”这样的感觉。甘露是天上的神仙喝的一种长生不老的水，所以轻易地、咕咚咕咚地喝掉，啊！真的好喝！——这样是不行的，应该含一口，感受贵腐的神秘，就像雷司令那样的存在，慢慢在舌尖品尝回味从头顶到脚尖的这份爱。

按照甜味的等级顺序，还有“迟采收葡萄酒”（Spatlese）及之后的“可珍藏葡萄酒”（Kabinett）。“可珍藏”等级酒的甜味不再张扬凸显，不会影响食物本身的味道。

与甘甜和红酒相比，德国辛辣感的葡萄酒并不是很出名，其又有干性、半干性之分。

德国红酒的清爽辛辣，特别适合和日本料理的鱼、天妇罗等一起食用。

现今，德国的甜品充足，甘甜红酒的产出、饮用场合都受到了进一步挤压，辛辣红酒反而开始大量生产。因为受日本人眼中“德国以甘甜白葡萄酒出名”的印象影响，德国辛辣白葡萄酒在日本市场并不受欢迎。但是，一旦有了好的契机，德国辛辣白葡萄酒也有可能一跃而成为热门。

就算是喝不惯甘甜红酒的人，只要品尝一下，也会喜欢的

德国红酒等级制度

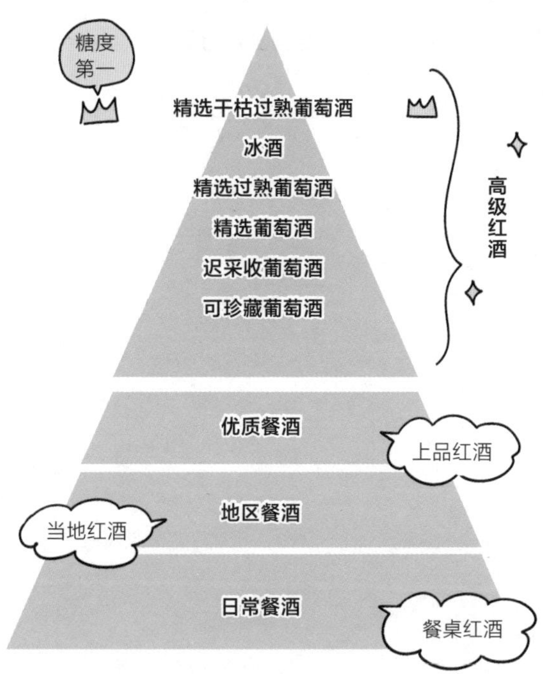

德国

主要品种

单纯、蛮横、娇羞的小姑娘。直爽的辛辣和酸味平衡得很好，口感甘甜。

朴素不显眼，但是是大家倾慕的隐藏的实力者。口感低调直白。

什么奢华就喜欢什么的年轻女孩。带有独特强烈的荔枝、香水的芳香。

总是被雷司令超越的女子，和酸味强的葡萄中和后，口感柔和。

今天这么冷，冻死了。快点在下雪前回家。
咦？那不是雷司令吗？
在德国，雷司令根据糖度、成熟度的不同，被分为6个等级。
怎么回事啊，这么冷。
好冷
“可珍藏葡萄酒”采用正常收获的雷司令。
唉
“迟采收葡萄酒”采用延期采摘的雷司令。
“精选葡萄酒” 采用成熟时期的雷司令。
“精选过熟葡萄酒”使用完全成熟的雷司令颗粒。
好！
冰酒使用冰冻状态的雷司令。
!
“精选干枯过熟葡萄酒”采用和贵腐菌结合的雷司令。

稍等、稍等！究竟怎么回事啊？还没正式介绍呢。
顺便说一下，德国琼瑶浆和法国阿尔萨斯很相似，只是口感更为甘甜一些。
脸红
让您久等了。
这种感觉。
砰砰，如小鹿直撞。
另，甘甜的白葡萄酒，有德国最古老的品种米勒-图高，也有以前培育最多的品种西万尼。
雷司令好幸福呀。
是啊，煮熟的食物混在一起，特别好吃。
那么，我回去了，今天吃关东煮。
等一下，我先说一下，我们被设定的角色是高中生……
果然，主演是雷司令。
是吗？米勒·图高。
我可没说那个人幸福哦……西万尼。
无论哪个品种，利普法尔米希也好、还是策拉·施华尔茨·卡茨这样有名的甘甜白葡萄酒也好，都是餐桌红酒。

PART 3

新世界

新世界红酒的美味简单直白

美国・澳大利亚・新西兰・智利・阿根廷・南非・日本

美国

CHAPTER I

想要喝『单纯好喝的红酒』就选美国红酒

大航海时代之后，开始生产红酒的国家就等于新世界。

这其中就有不甘于跟在旧世界之后，而在积极寻找存在感的超级大国——美国。

不管怎么说，美国也是红酒消费量居世界首位的国家，这个国家具有永争第一的不服输的国民性。

出于这样的倔强性格，美国人对烈性红酒的研究倾注了大量心血。这种付出慢慢有了成效，那些爱酒人士口中“低劣新世界”的负面形象已然崩塌。

笔者认为，要说美国的红酒，应该是俄勒冈州的黑皮诺较为热门。

俄勒冈州的黑皮诺，是从勃艮第传过来的。由于美国的红酒法规定得较为严苛，所以美国红酒的品质非常高。同勃艮第不同，美国的黑皮诺带有奇妙的余味，很受人喜爱。“俄勒冈州的黑皮诺也是备受关注的。”作为红酒通（“痛”，发音相同，通假修辞）的我，也开始动摇以前的观点，从现在开始也去关注美国红酒。

从常识来看，我们说的美国红酒，通常指的就是加利福尼亚州的红酒。全美九成的红酒都是那里生产的。

加利福尼亚州红酒的生产得益于一位叫罗伯特·蒙大维的大叔。

这位酒厂大叔，在赴欧洲考察学习时意识到“美国的红酒等级很低”，他下定决心要酿造不逊于欧洲的红酒，最终成就了现在的加利福尼亚州红酒基础。那位大叔的梦想或许就是像波尔多那样建成享誉全球的葡萄酒产区。

他和波尔多梅多克地区级法定产区一级庄园——“木桐庄园”的所有者罗斯柴尔德共同打造了一款叫作“作品一号”的红酒，这是一种高级红酒，口味较重，酒精度数高，果味充盈。

美国红酒多为“容易辨别”的红酒。可能是因为美国人气质的原因，比起安静地细细品味的那种快乐，美国人可能更喜欢大家在一起大声嚷嚷着一边吃烧烤一边喝酒。

说起来，真不愧是美国，竟然设立专门的红酒大学对红酒进行科学的研究。甚至动用 NASA 的人工卫星、GPS，把地形变换为

3D 图，计算出日照时间、排水等数据。通过这些“大数据”，可以推测出哪里最适合开辟为葡萄园区。

就像“ID（Important Data）棒球”利用大数据选择球员的方法一样，美国人依靠数据代替葡萄培育工匠的经验，进行科学的管理，达到想要的美味。

新世界的红酒几乎都使用十分单一的葡萄品种。因此，在很多红酒标签上都标出了葡萄的相应品种，这就比较容易选择了。

美国也有类似法国的 AOC（AOP）的等级，设定了政府认证种植地域“AVA”法规。产地限定的范围越小，表明红酒越稀有，等级也就越高。这和旧世界是一样的。

加利福尼亚州有纳帕谷和索诺玛谷两个有名的产区。

在我朦胧的印象中，大体上，纳帕走的路线是以赤霞珠为主体的波尔多风；索诺玛则是以黑皮诺 / 霞多丽为主体的勃艮第风。

但是，笔者没有感觉到两者味道有什么不同。红酒简单美味，这下是该“小朋友舌头”发挥功能的时候啦。美国红酒产自温暖的地方，单宁酸度低，味道好，无法表现出法国红酒那样完美的复杂、细腻。

加利福尼亚州的黑皮诺，稍稍入口，立刻就会感到“大大的落差”，感觉完全不是同一种东西。那个细腻孤傲的美少女去哪儿了？看，这就是美国！我们孤傲的黑皮诺出了什么事了？黑皮诺传入美国之后完全变了样，变得低档平庸，令人提不起兴趣，完全被美国化了。只有加利福尼亚州当地自产的品种仙粉黛，像排气量很大的汽车那样，像和外星人战斗的女士兵那样，味道强劲健壮，不由让人感叹这才是“美国”葡萄应有的感觉。

哎呀，不好意思，啰嗦了些不太好的事情。花费两千日元，与其选品质算不上上乘的旧世界红酒，绝对不如选择新世界的红酒。尤其是新世界中的美国红酒，热别讲科学，是非常优良的红酒。忍不住还要多说一句，我认为美国的红酒或许更为和煦可亲。

 好喝到让你会心一笑的美味

9 成

☆ 加利福尼亚州

得益于严格的红酒法规，加利福尼亚州的“单一”红酒已然升格为上品红酒。

上品红酒

品种级的“单一”红酒。标签上标有品种的名称。

中级红酒

独家专有红酒。标有品牌和酿酒厂名称。使用混合的葡萄品种。

日常红酒

一般的“餐桌”红酒。标记着“夏布利”“勃艮第”等欧洲名称。

独家专有红酒是指从葡萄的栽培、红酒酿造到灌瓶包装全部由酿酒厂完成的红酒。

↓ 剩余的 1 成 ↓

☆ 俄勒冈州
黑皮诺好喝，
是笔者个人较关注的。

☆ 华盛顿州和波尔多
几乎同处同一个纬度，
葡萄品种以霞多丽为主。

☆ 纽约州
目标锁定纽约市的都市红酒。

美国

主要品种

好动、有活力的大姐大。有强烈的浓缩果汁味道。

特意休学，专注于身体锻炼的赤霞珠。带有果实口感，有酒精度数，美国桶的风味非常强烈。

传入美国被美国化后的黑皮诺富含浓浓的水果味，绵柔好入口，适合刚接触红酒的人品饮。

完全被美国化的偶像。具有菠萝、热带水果的果味。

在意大利，仙粉黛又叫普里米蒂沃。

……？那个？
黑皮诺
啊？
我是转学生。请各位多关照。
世界上很有人气的黑皮诺，在美国也有培育。
欸？仔细看确实是黑皮诺。但是怎么是金发？
和法国的黑皮诺比，美国黑皮诺更圆润、丰富，初次喝酒的人也会感到绵柔好入口。
赤霞珠的味道带有强烈的木桶感、果味和酒精感。
握拳
喂，那个转学生！爱好锻炼身体的话，我们交往吧。☆
钻研健身，深受大众喜爱的学霸。
!?
!?
我们去哪里玩呢？☆
霞多丽去了美国的话，就成了耀眼、魅力十足的品种。
根据使用木桶的不同，展现出菠萝等热带水果味及饮料、香草等不同风格的美味。
其实，霞多丽容易被周边环境所影响，在美国，已经被完全美国化了。
这位转学生，要不要尝尝？
独特的热带水果味。
啊……美国好恐怖啊。
是啊，但是还是忍不住喜欢美国，不是吗？特别喜欢是吗？
坦白说，是的。

CHAPTER 2

澳大利亚

在超市感到迷茫、踟蹰时，就买澳大利亚酒吧

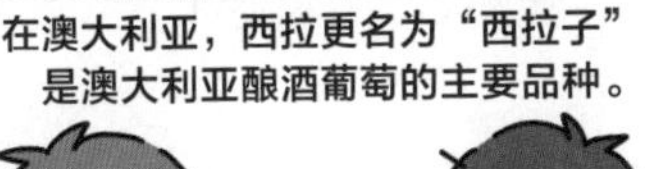

绘有大袋鼠插图的“黄尾袋鼠”是澳大利亚红酒的代表。澳大利亚的红酒产量多，随处可见。

澳大利亚红酒基本都是单一葡萄品种。其中，红色的西拉（法国）是经常使用的品种，西拉在澳大利亚又被称为西拉子。有时也和其他品种混合使用，大都是赤霞珠和西拉子的组合。这两种都是厚重的品种，比较投缘。

其他还有霞多丽、赤霞珠的单一品种酒。红酒标签上明确标出了所使用的葡萄品种，让选择变得更为容易。实际上，喝到嘴里，其品种的口感特性也较为容易品尝出来。

地处南半球的澳大利亚地域辽阔，气候特征与加州相似。所以，无论是哪种红酒，想必都是从烧烤文化中衍生而来，难怪令人产生“儿童也觉得好喝”的感觉。在人类大口吃肉的时代，美味的红酒自然必不可少。为了不辜负香味四溢的肉食，追求口感浓郁的红酒成为必然。

因此，西拉子（澳大利亚）和西拉（法国）比起来，其含有的香料、土腥味都有上升，真正培育出了野性感。

得益于培育环境的温暖，西拉子带有丝丝淡淡的甜味。有点像香浓巧克力的味道。

同样的产品，产地不同，其特性也会不同，试着喝喝对比一下，或许很有意思。

但同样是澳大利亚，位于西侧的“玛格丽特河”的产地却独独较为特殊，气候接近于法国的地中海性的气候，生产出了不同于新世界的上品细腻红酒。

所以我想说，澳大利亚的西侧非常值得关注。可是，因为笔者之前也没有那么关注过，只让大家去关注，实在是有点不好意思呢。

如果你对这些产区都不感兴趣，也没关系。澳大利亚的红酒大体上都属于便宜又好喝的，适当地购买一些应该不会后悔。

澳大利亚重视环境保护，对用于葡萄栽培的化学药品进行了有效管控，所以澳大利亚的红酒可能会更利于健康吧。

可以畅饮好喝而厚重的红葡萄酒的国度

澳大利亚是最早使用旋拧密封瓶盖的国家。

或许有人认为：

不用软木塞，找不到喝红酒的感觉。

1. 开瓶简单。
2. 密封性高，防止红酒酸化。
3. 没有软木塞污染。
4. 如果没喝完，也可以简单地塞住，还可以横着放在冰箱里。

这些实用性已经被认同，无论是新世界还是旧世界都采用这种瓶塞。

澳大利亚

主要品种

晒得很黑的野性少女。酸味中混入了甘甜，很有巧克力的感觉。

这次沾染上干练女职员气质的霞多丽，和烧烤特别相配。

脱衣后很厉害的肌肉男。和西拉子混合后，晋升为最高等级的猛男级。

法国的西拉，在澳大利亚更名为西拉子。
ッ
你先回去！我再玩会儿！
唉，小姐！
酸度较低，带有甘甜和果实口感，如同巧克力一般。
由于气候环境温暖，和法国的西拉相比，西拉子给人的印象是：色泽和味道更加浓烈，更加自由任性。
哟，西拉子！
啊！
熟睡
仔细品尝一下的话，
或许会感到些许性感的魅力。

赤霞珠来了。
来，决一胜负吧。
嗯，比吗？
澳大利亚的赤霞珠，和美国的相似，满满的红色。
瞪
碰撞
赤霞珠和西拉子混合在一起的话口感很好，是一种强劲的红葡萄酒。
不错啊。
你的技术也提高了啊。
咚
砰
冲刺
我们也望尘莫及啊。
是啊。
一点都不优雅。
能量担当组
霞多丽已经被澳大利亚本土化了，简单易懂。果然很好辨别。
哇——
好可爱
毛茸茸

辛辣的长相思白葡萄酒是
新西兰红酒的典型代表。
清爽得令人瞬间清醒，
带有澄净的味道。
……!!!
被世界这样评价。
特别是马尔堡地区，
受到昼夜温差变化剧烈的影响，
强光
酿造的长相思具有凝练的香气，
为长相思当中的极品。
具有适度的果味。
过奖过奖。
这个白葡萄酒
太好喝了，
我虽然喝不
惯红酒，但
是这个味道
我喜欢。
你好厉
害，怎
么会知
道我喜
欢？
不是什么了
不起的事。
正好可以推荐给还喝不惯红酒的人。

澳大利亚盛产红葡萄——西拉子，新西兰却盛产白葡萄——长相思。用这么简单一句话就能大致概括两国红酒概况。新西兰的长相思和法国等其他地域的相比，略偏青色，带有强烈的柠檬、香草的香味。闻起来味道有点刺激。但同样是长相思，法国的卢瓦尔河谷地区的“桑塞尔”“普依芙美”的甜度就比较低，还有些许的酸味，而新西兰的长相思则平添了几分让人感到亲切的果味。

那会产生什么样的味道呢？就是超级好喝的味道。

成年女性要是第一次喝到这种白葡萄酒，一定会说“白葡萄酒真好喝”，感叹没有比这个更好喝的了。新西兰的长相思是一种简单易懂的美酒。

新西兰酒不用我们费心去研究并记住它的产地，只要按照葡萄品种来选酒就可以了。长相思最活跃的地区是马尔堡地区，酒瓶标签上会有标记，我们只要“按名索酒”即可。

顺便提一下，新西兰也有使用黑皮诺酿造的红酒。因为气候比勃艮第温暖，黑皮诺显得更为高雅、圆润、亲切。当然，这里的黑皮诺不像加利福尼亚的那样姿态百变。

主产葡萄品种——长相思

北岛

霍克湾地区

沙当妮

长相思

推荐

马丁堡地区

黑皮诺

推荐

马尔堡地区

长相思

推荐

南岛

中央公园地区

黑皮诺

推荐

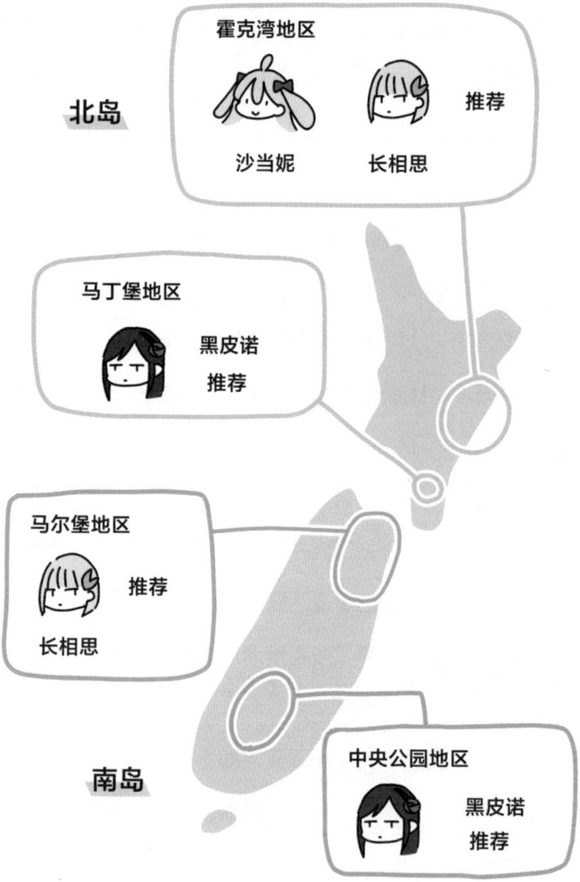

新西兰

主要品种

长相思（新）
白葡萄
天真、冷静的天然美少女。带有大葱、香料的浓郁绿色香气。

黑皮诺
红葡萄
气质高雅、美丽大方，具有明快的口感，平衡度很好。

不明白为什么这里种植的长相思的绿色香草味比其他区域的更加浓郁。不过长相思葡萄酒真的很好。
新西兰的长相思。
沙沙
沙
新西兰黑皮诺是把甜味和酸味平衡得很好的葡萄酒。
感受着夏天气息的同时，还有清风拂过心田。
不像法国红酒带有的复杂味道，新西兰红酒明快、简单、亲切。
没有美国葡萄酒那样明显的果味。

智利

CHAPTER 4

智利酒是最适合学习单一葡萄品种特征的红酒

以前的智利红酒总给人“低廉葡萄酒”的感觉。

但是不知从何时开始，智利已经实现了成功转型。现在的智利已经被称作“新世界的先驱”，留给人们“智利葡萄酒价格低又好喝”“智利的赤霞珠不错”的好印象。

现在，智利也开始生产高档红酒了。如拥有五大名庄之一“木桐庄园”的罗斯柴尔德公司酿造的“阿玛维瓦”等就很有名。智利的高档红酒不是需要有丰富品尝经验才能感受的复杂美味，而是容易辨别并且有高级口感的红酒。

智利红酒也是属于新世界，大体都是单一葡萄品种红酒，看标签就容易辨别出所使用的葡萄品种。当然智利也有模仿波尔多的混合红酒。

智利的红葡萄有赤霞珠、梅洛、黑皮诺，白葡萄有霞多丽、长相思等，齐聚一堂，个个都是大名鼎鼎。无论之中的哪一个和其他国家的葡萄比起来，都显得更加柔顺圆润，少了些酸味，满满地充盈着果味。以前被误以为是梅洛同种的佳美娜，最近异军突起，被广泛使用。

智利红酒价格低廉，品质稳定。因此想要捕捉葡萄品种特征的话，选智利葡萄酒绝对没错。

正如“柯诺苏”是大家熟悉的自行车品牌那样，干露酒庄出品的“旭日”及“红魔鬼”等，也是超市和便利店的“熟客”。

既然智利红酒如此优秀，为何笔者没有浓墨重彩地对其大加赞扬呢？笔者不想给大家一种固定的印象，让大家思想固化到不用思考和分辨而盲目去听从侍酒师的推荐，那样其实很无趣。有的人喝过了智利红酒，就立刻爱上，此后就一直固定喝智利酒。还是智利？是的没错！饺子选王将，咖喱选科科伊。其实，这样也不错。

但是在这种僵化的价值观下，你是无法真正地成为一个名副其实的爱酒人士的。选红酒是一种冒险行为。正确的经验也好，错误的教训也罢，都是一笔财产，助您倾一生能力去追寻“自己的红酒”。就算品质稳定的智利红酒很得你心，你也一定要保留一颗充满好奇的心，尝试一下其他国家的红酒。

说起智利自然会想起人们经常说起的“葡萄根瘤蚜”的害虫传说。

十九世纪后半叶，害虫葡萄根瘤蚜广泛传染，给全世界的葡萄树造成了毁灭性的打击。

但是智利却奇迹般地从根瘤蚜的灾难中逃脱出来，从法国引进的树木的子孙也一直存活到现在。智利成了世界上最重要的葡萄产地。

喜欢红酒的人，
都会选择好喝的葡萄酒

智利地理孤立，
葡萄得以杜绝虫害。
许多纯正的品种得以生存，
茁壮地生长着。

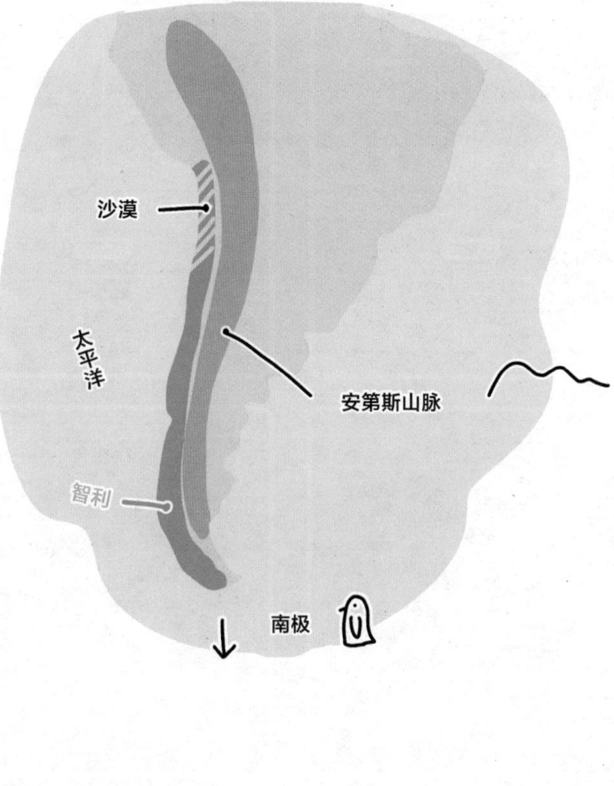

沙漠
太平洋
安第斯山脉
智利
南极

智利

主要品种

有爱心，大家心中的女神。不甜也不酸，味道大家都喜欢。

也称为“智利卡贝”。容易辨别的红葡萄，味道上乘。

一个一心只知道吃的吃货。果味醇厚，涩味不显。

十分稳重、文雅的姐姐。去除了酸味，有些过于圆润。

众生仰望的气质和美丽。享受黑皮诺的美。

最近觉得某些事情发生了变化，好像越来越有旧世界的高雅范儿。
似乎变成了
潮男！
高雅范儿
智利的赤霞珠，也称为“智利卡贝”，是简单易懂的好喝红酒的代名词。
友善
我爱智利
邻家男孩！
黑皮诺不像美国的那样。
霞多丽也是，不甜也不酸。长相思的草本香料感很温和。
温柔
智利的梅洛，不甜也不酸。
啊呜啊呜
倒是佳美娜的甜度感很具个性！一定要品尝下哦。
肉真好吃！！
中规
中距
智利红酒整体品质比较均一，没有张扬的个性，所以很容易入口，在初次喝酒的人中很有人气。

阿根廷

CHAPTER 5

单一品种红酒，也可以选阿根廷

提到阿根廷，首先想到的自然是足球和探戈舞，同样属于南美，我至今也不清楚它和智利的区别在哪儿。

我也想被人强拉硬拽地按坐在沙发上，左右开弓地喝着马尔贝克和特浓情，喝到醉醺醺的，东倒西歪。

的确，阿根廷是个开放的国家，国民喜欢痛快地大口喝酒。早先的时候阿根廷人只求数量，不问质量。后来，随着海外资本的引入，阿根廷葡萄的栽培和酿造技术得到了逐步提升，现在也开始酿造起了一万日元以上的高级红酒。

阿根廷葡萄酒的核心品种是马尔贝克红葡萄。

使用马尔贝克酿造的葡萄酒看起来颜色很浓，比起波尔多的颜色，黑色显得更为厚重。喝起来，觉得那华丽的果味似乎就快出来了，结果出人意料，忽然才觉察到扑了个空。有种出其不意的轻松感，甩去了所有的不愉快。

还有一个不得不提的葡萄品种就是白葡萄品种特浓情，直白地说，味道像酸奶水果，其甘甜是那种厚重入喉化作柔和的甘甜。

特浓情虽然不是主要的葡萄品种，但是味道却很迷人。商店将这种酒作为特推酒，推荐给年轻女性，客人基本就没有说不好喝的。这可是非常重要的宝贝啊。

阿根廷还生产马尔贝克和赤霞珠的混合红酒以及霞多丽的单一品种红酒，全部都简单易懂，味道不错。

阿根廷红酒的平均性价比很高，如果要学习、掌握主要葡萄品种的特征，弃智利而选阿根廷，也不失为一种不错的选择。

为什么不选他呢！
你不知道他到底有多优秀

从安第斯山脉吹来了温暖的风，
吹熟了葡萄，吹走了病气。
这里的红酒其实是有机葡萄酒呢。

阿根廷

主要品种

一看就是位娘娘腔，带有黑加仑和紫罗兰的芬芳，涩味适中。

外表看上去完全是个女孩，结果是个伪娘。水果酸奶的甜香扑面。

转学生。
马尔贝克同学。
喂！喂！
哇！小猫咪！好小啊！！
马尔贝克是阿根廷红葡萄的代表。
真厉害！颜色很浓。浓到像黑的一样。但是口感却不是那么浓郁。
成熟的蓝莓感和红果实感。
看来很喜欢小猫。
喵
白色葡萄特浓情，有水果酸奶的味道和花的香气。
马尔贝克，转学生，你们好！啊，小猫咪，超可爱！
给我摸摸。
特别可爱的感觉，容易被女孩子所接受。
特浓情同学什么时候都那么可爱。
虽然他是男的。
看，很可爱吧！
帮它取个名字吧！

南非

CHAPTER 6

南非在 1991 年废弃种族隔离制度以后，从事葡萄酒酿造的农家急剧增加。

我也做葡萄酒。

我也做葡萄酒。

我做葡萄酒。

葡萄酒的质量在逐渐上升。

和其他新世界一样。

赤霞珠

霞多丽

西拉子

细腻的黑皮诺和健壮的埃米塔日（神索）混合所诞生的！

埃米塔日（神索）

黑皮诺

皮诺塔吉

南非的葡萄酒，是很便宜畅销的。

以后我就有自信了，不需要援助啦！

或许是靠低价来吸引人，买南非酒，划算！

皮诺塔吉是南非的葡萄品种代表。

南非红酒非常朴实，虽然这点还没有被广泛认知。

这个皮诺塔吉是南非的原创品种。它由孤高的贵妇黑皮诺及量产型的健康的神索选育的埃米塔日混血而育。

黑皮诺具有非凡的人气实力，是世界上最好的葡萄品种之一。但由于它抗“炎热”和“虫害”能力较低，在勃艮第之外的其他地方都无法发挥其真正的实力。它和以“身体健壮”为卖点的埃米塔日配种，诞生了超健康体的皮诺塔吉。

好奇混血的皮诺塔吉会有什么样的味道呢？喝过黑皮诺的人，品尝皮诺塔吉，一定会有“体格强健的黑皮诺”这样的印象。

南非也有其他较好喝的葡萄酒，但是南非废除种族隔离制度的历史尚浅，对红酒技术的研究也才刚刚起步，只能说其味道还在慢慢地形成中。在南非经常可以看到人们用小推车推着红酒低价售卖的场景，南非红酒现在还处于这样的地位。

以前，只有法国、意大利的红酒才被认同，南美、美国的红酒也曾一度被认为是“新产地红酒算什么，不值一提”。但是，现在不同了，新世界也涌现了很多红酒品牌，其知名度和价值也都在不断地上升呢。

所以笔者觉得“今天的南非就是以前的南美”。

肯定可以淘到好酒。如果你在一定程度上已经喝惯了好酒，你也可以转移一下注意力，关注一下值得期待的南非红酒。或许探寻“并不难喝的红酒”亦是一件趣事。

探寻低价又好喝的葡萄酒

南非

主要品种

产自南非，是位畏寒的舞者。具有充满野性的多汁水果风格。

不怕炎热的健康女孩。和黑皮诺混合培育出了健康的皮诺塔吉。

父母新婚旅行的照片出来了。
皮诺塔吉是南非的代表。
好热……
由于太热无法培育黑皮诺，就将黑皮诺与埃米塔日杂交培育出了皮诺塔吉。

不是黑皮诺的次品版，倒是和赤霞珠有点像。
我不是跟你说过，我怕热，也讨厌虫子的嘛！
快死了的感觉。
这种场合，不至于这样生气的哈！
带有果实和单宁感的品种。

所以，就诞生了不怕酷暑和害虫的你……
谢谢。
具有纯正土腥味和烟熏味道的粗犷型红酒。
大家都过得不错呢。
我也想回家了。

日本

CHAPTER 7

吃日本料理时，要喝『日本的白葡萄酒』

日本的葡萄酒真的是越来越好喝了。

日本酿造红葡萄酒起步可能有些偏晚，但是出产的白葡萄酒中的一部分，无论在技术还是在品质上，已经为世界所承认，美味也达到世界水准。

“甲州”是被世界所关注的日本葡萄品种，甲州的白葡萄酒中，笔者特别喜欢的是“酒折酒庄的甲州干红”。

其只有纯正的清爽辛辣，果味、杂味什么的一概没有，让人不禁喃喃感叹道：“味道真美……”

闭上眼睛，脑海中闪现的是哗哗流淌的阿尔卑斯泉水，清澈的水潺潺流动。“酒折酒庄的甲州干红”带来的就是这种感受。甲州“美露香酒庄 萌黄”也值得推荐。这个名称没有意义。这个“美露香酒庄 萌黄”不单使用甲州，还使用了甲州和霞多丽的混合品种，非常适合和咸味的天妇罗一起搭配，是一种不影响食物口味的葡萄酒。除了霞多丽，日本还从海外引进各种各样的品种。由山梨县、长野县、山形县、北海道、京都等地培育的葡萄所酿出的红酒味道也不错。日本所培育的葡萄，符合日本人的口味需求。

日本也在培育各种葡萄品种，如长野县的梅洛葡萄、北海道的黑皮诺、山形县的霞多丽等。

日本某些地方的气候类似法国的波尔多，今后也有可能培育出震惊世界的赤霞珠来。

另，日本原创的红葡萄酒品种还有贝利 A 麝香，是添加了新鲜樱桃、黑蜜、干山芋口感的可爱品种，刚刚被世界认同，在发展的路上还有很长的路要走。但是实力还是有的，不容小觑，以后也会发展得更好。

无论如何，日本在红酒酿造及葡萄栽培技术的提升上还是有广阔空间的。

那么，现在该干什么呢？

最好的措施是提高日本葡萄酒的销量。销量逐渐提升的话，技术提升方面的投资也就来了。葡萄酒本身的价格也会下降，而价格低廉好喝的酒又会刺激消费，应该是这样的一个良性循环。

越喝越能感觉到日本风格

为了进一步提升日本红酒技术，
最好的方法就是提升日本红酒的销量。

大家都能喜欢红酒的话，总有一天
让世界震惊的伟大的红酒，就会自日本产出。

日本

主要品种

甲州
白葡萄
腼腆话少的美少女，大和抚子（妇德高尚）。适合搭配日本料理。清雅恬淡，芳香爽口。

贝利A麝香
红葡萄
总跟着腼腆的甲州的活泼小姑娘。隐隐有黑蜜和红色水果的风味。

口齿余留的并不是酒的味道，而是回味悠长的香气。
散发柑橘类的香气，口感如清澈的河水般微甜、酸度清冽。
甲州真的是具有日本特色的葡萄酒。
如此细腻优雅、富有深度的葡萄酒品种正逐步被世界认可。
其他如长野的梅洛、北海道的黑皮诺、霞多丽等被日本本土化的品种正在逐步增加。
今后将会有更多富有魅力的葡萄酒品种活跃在国际市场上。
等下，还有呢。
我！还有我！红酒中值得期待的新人！贝利A麝香。
元气满满、论新鲜程度自信绝不会逊色于其他品种！请大家多多关照。
不替我说两句？我也有自己的风格。

PART 4

终章

转校生！吃午饭啦！
嗯！
食堂
转校生也完全适应了呢！
是的！开始的时候很惶恐不安呢！
真是……
强行带你来到这里……
你却努力了解葡萄酒，
把鲑鱼递给我。
并且喜爱上葡萄酒。
换下菜。
店员小姐！
店员小姐！
店员小姐你在哪里呀？
啊，有了……
真是……到底跑哪儿去了？
不能再继续留在这里了。

回来了……也就是说……
变
!!
弹指
身!!
辛苦啦。
?
不不不，那个，我并没有做什么。
是的，
力量回来了。这个世界也收回了一些力量。
这都是你的功劳，真的非常感谢。
到底是怎么回事……
我……
回来了。
是的，
一直强行留你在这里，真是非常抱歉。
又回到那个店里了？

弹指
为了让更多的人了解到葡萄酒的美好。
为了这个世界能一直存在。
并不是，又换到了其他的某个地方，在人类的世界推广葡萄酒。
啊
一阵闪光
只要你记得这一切。
至少让我跟每个人道别。
大家教了我很多东西，我都还没表达谢意！
让我回去。
肯定会再见面的。
闪光
哇
等一下……
谢谢。

这里是……
方便的话我给您介绍。
はっ
这位客人……
您好。
估计那一切都是梦吧。
那个……我不知道选什么样的红酒，想咨询一下，可以吗？
那个晚上为了买葡萄酒偶然进入的店。
？
怎么了？
一切都一样，除了店员……
香气很棒。
谢谢。
啊！这样的话，客人您可以品尝一下吗？正好今天有促销活动。这款我很推荐。
推荐

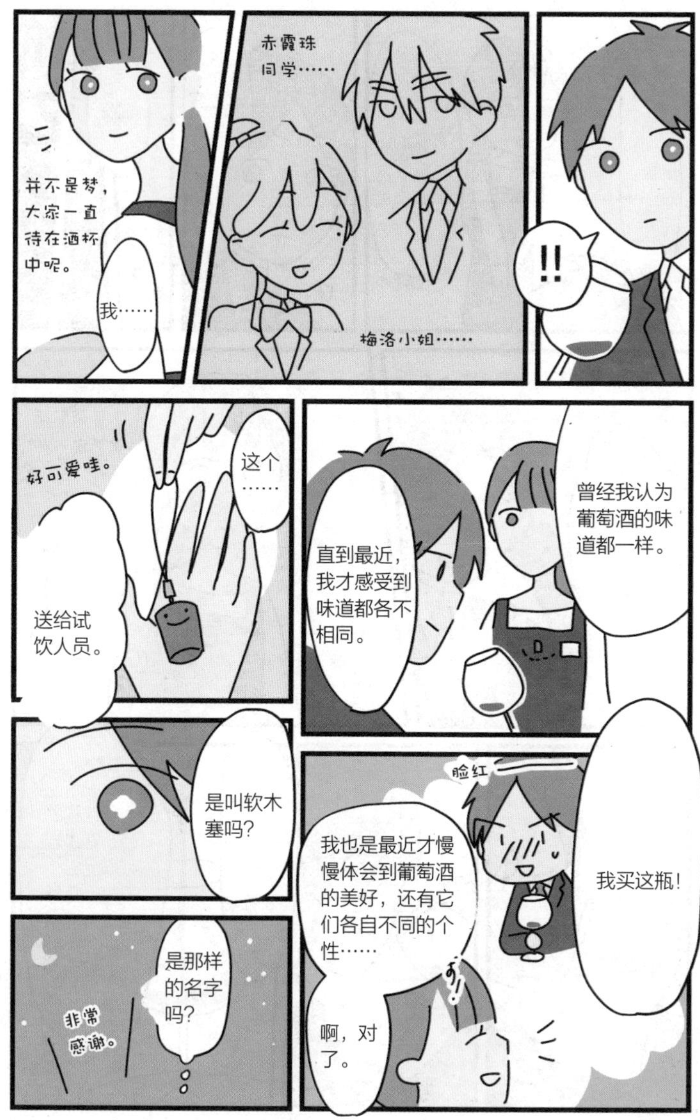
并不是梦，大家一直待在酒杯中呢。
我……
赤霞珠同学……
梅洛小姐……
!!
好可爱哇。
这个……
送给试饮人员。
曾经我认为葡萄酒的味道都一样。
直到最近，我才感受到味道都各不相同。
是叫软木塞吗？
脸红
我也是最近才慢慢体会到葡萄酒的美好，还有它们各自不同的个性……
我买这瓶！
非常感谢。
是那样的名字吗？
啊，对了。

209
完全没有真实感。
唉……
又开始了每一天的……
开门
我回来了。
啊，来了来了……
晚了哦……
眨眼
辛苦了。
我们先开始了哦。
跟平时一样，
不可能吧。
还是这些狐朋狗友。
葡萄酒买了吗？
嗯，这个还是有点自信的哦！
应该选了味道很好的葡萄酒吧。
热热
闹闹
红酒杯也买了。
咦？好专业！！！
有点喧闹，也有点复杂。
又开始了啊……
大家再干一杯！

后记

即便了解红酒，人生也不一定会发生变化。就算品位变高，就算小有名声，也未必受异性青睐。当然，不可否认的是确实有一部分人因葡萄酒而顺利开启了美好的人生。对于笔者来说，那仅有的红酒知识，在生活中也仅仅是在与朋友探讨“哪种红酒馈赠朋友更好”时才用得上。且这种事情一年也就一两次。

但总有一点值得一提的益处。当你想正正经经地品尝红酒，追寻它的味道时，你知道如何去“品味”。

人长大后，知识有了增长，亦积累了丰富的经验。我们当中的很多人听音乐，听就听了；看电影，看就看了；赏美景，也是赏就赏了：所有这些如流水般逝去。我以前对红酒的态度亦是如此。经常在谈话的不经意间、思考事情的时候，完全只把红酒作为一种饮品，咕咚咕咚牛饮下去。终于有一次，我尝试着做了改变。浅尝一口红酒，让时间为红酒而静止，细细品味着它的美妙。

看似崭新鲜活的邂逅，何尝不是曾经忘却的记忆。

自那以后，在喝红酒以外的事情上，我也养成了品味的习惯。比如旅行的时候，除了风景，我会用心去感受阳光、声音以及大地清浅的气息。当然，旅行时的所见、所听、所闻如同盖纪念印章那样留在心中，也是人生的乐趣所在。但是，假如我们偶尔停下脚步，让时间稍做停留，给灵魂片刻自由，细细品味一切，这更深层次的心灵品鉴更可以丰富我们的人生喜悦。

也请这本书的读者们务必为那一口的浅尝留下时间，如果能够品出那份美好，请多多细品出那份美好，也是一种幸福。

本书借用插画家山田先生卓越的绘画灵感，将不同品种葡萄的性格通过“学园生活”这种幻想性、梦幻性的方式加以表现出来，让所有的读者都能简单、顺利地理解葡萄的口感和美味。本书还特别采用夸张的手法，将葡萄们的鲜明特征一一展现，或许每个人对特征的理解各不相同，但相信大家都能看懂，不会产生疑义。

最后祈愿大家寻寻觅觅后都能遇到自己心目中的“品种”，构筑出那份美好。

图书在版编目（CIP）数据

别说你懂红酒 /（日）小久保尊著 ；（日）山田五郎绘 ；张艳辉译. — 北京 ：北京联合出版公司，2019.10（2020.8 重印）
ISBN 978-7-5596-3145-9

Ⅰ. ①别… Ⅱ. ①小… ②山… ③张… Ⅲ. ①葡萄—基本知识 Ⅳ. ①TS262.6

中国版本图书馆 CIP 数据核字（2019）第 066991 号

别说你懂红酒

作　　者：（日）小久保尊 著 （日）山田五郎 绘
译　　者：张艳辉
策　　划：好读文化
监　　制：姚常伟
责任编辑：管　文
产品经理：柳泓宇
内文制作：@叁囍
封面设计：仙　境

北京联合出版公司出版
（北京市西城区德外大街 83 号楼 9 层　100088）
北京联合天畅文化传播公司发行
北京美图印务有限公司印刷　新华书店经销
字数：160 千字　787mm×1092mm　1/32　印张：8.75
2019 年 10 月第 1 版　2020 年 8 月第 2 次印刷
ISBN 978-7-5596-3145-9
定价：58.00 元